いちばんやさしいJavaScriptの教本

人気講師が教えるWebプログラミング入門

インプレス

Profile

著者プロフィール

岩田 宇史（いわた たかふみ）

フリーランスエンジニア。教育事業者。
筑波大学大学院でプロダクトデザインを学び、実働モデルを制作する過程でプログラミングを学ぶ。株式会社エイチームでシステム開発に従事した後、同社の新規事業案選手権に応募し、教育事業の起ち上げに挑戦する。以降、教育事業者や、学習に関わるベンチャー企業の技術支援を行うようになる。
自らもプログラミングやデザインの講師として、大学、企業、動画学習サイトなどで延べ100回以上の授業に登壇する。
好きな言葉はアランケイの「The best way to predict the future is to invent it.」

twitter：@iwata1985

はじめに

ITの活用があたりまえとなった昨今、プログラミングの需要は以前にも増して高まっています。2020年には日本の小学校でもプログラミングの授業が必修になるといわれており、専門知識の枠を越えて、基礎教養として学ぶ機会も増えてきました。

本書で取り扱うプログラミング言語「JavaScript」は、Webページをより便利にするためのプログラミング言語として誕生し、現在ではすべてのプログラミング言語の中でも高い人気を集め、その地位を確固たるものにしています。Web制作に関わる方には必須のプログラミング言語であり、プログラミング入門者の方にもよい選択肢となるでしょう。

本書は、このJavaScriptの入門書になります。JavaScriptを学びたいという方はもちろん、はじめてプログラミングに触れる未経験者の方にも親しんでいただけるように、専門用語の1つ1つを理解しながら進めるように構成しました。プログラミングとは何なのかというところからはじまり、普段目にするWebのしくみがどのように作られているのかを実践を通じて学びます。さらに「jQuery」「Ajax通信」「Web API」といった内容も含めました。

なお、本書はJavaScriptの学習に専念するため、関連技術であるHTML/CSSの解説は最小限にとどめています。HTML/CSSがはじめてという方でも進められるように構成していますが、HTML/CSSを理解した上で学習されると、得られるものがより大きくなるでしょう。

本書を通じて、プログラミングという新たな時代の力を獲得する手助けをできれば幸いです。新しいことを学ぶ楽しみを感じながら、ぜひ最後まで読み進めていただければと思います。

本書を執筆するにあたり、その機会を与えてくださった柳沼俊宏さん、小山哲太郎さん、常に的確なアドバイスをいただいた大津雄一郎さん、本書のレビューに参加いただいた室瀬皆実さん、小橋優子さんには大変貴重なご意見と温かい支援をいただきました。この場を借りてお礼を申し上げます。

2017年3月　岩田 宇史

本書の読み方

「いちばんやさしいJavaScriptの教本」の読み方

「いちばんやさしいJavaScriptの教本」は、はじめての人でも迷わないように、わかりやすい説明と大きな画面でJavaScriptを使ったプログラムの書き方を解説しています。

「何のためにやるのか」がわかる！

薄く色の付いたページでは、プログラムを書く際に必要な考え方を解説しています。実際のコーディングに入る前に、意味をしっかり理解してから取り組めます。

タイトル
レッスンの目的をわかりやすくまとめています。

レッスンのポイント
このレッスンを読むとどうなるのか、何に役立つのかを解説しています。

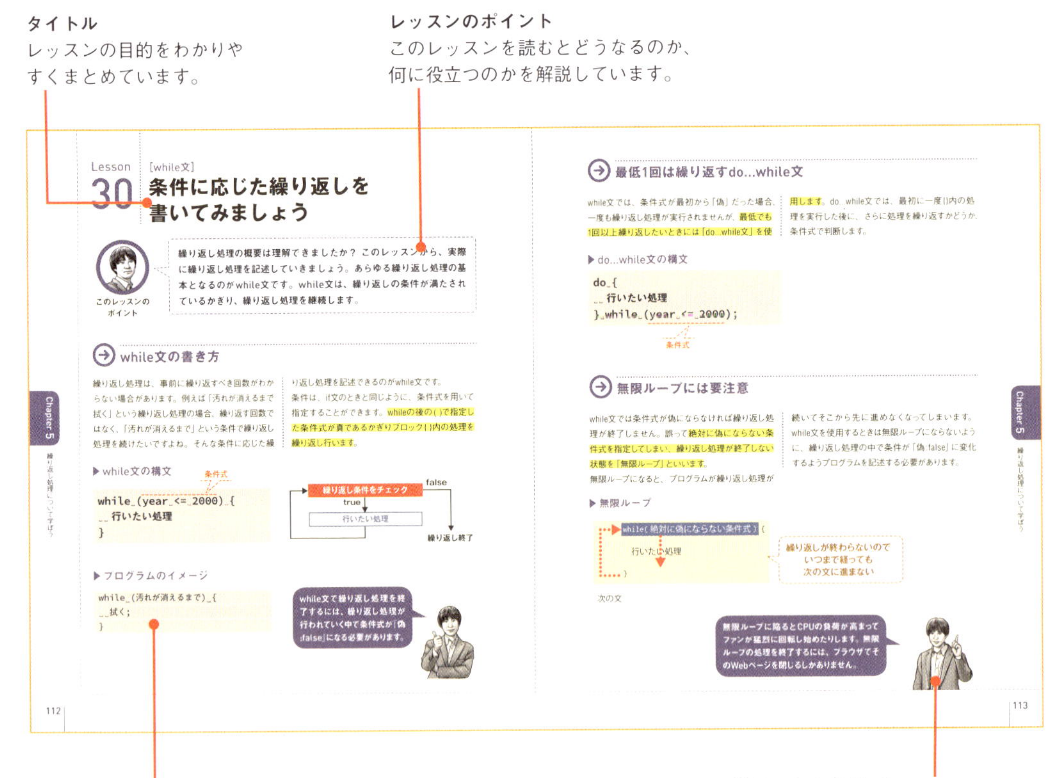

Lesson 30 [while文]
条件に応じた繰り返しを書いてみましょう

このレッスンのポイント
繰り返し処理の概要は理解できましたか？ このレッスンから、実際に繰り返し処理を記述していきましょう。あらゆる繰り返し処理の基本となるのがwhile文です。while文は、繰り返しの条件が満たされているかぎり、繰り返し処理を継続します。

while文の書き方

繰り返し処理は、事前に繰り返すべき回数がわからない場合があります。例えば「汚れが消えるまで拭く」という繰り返し処理の場合、繰り返す回数ではなく、「汚れが消えるまで」という条件で繰り返し処理を続けたいですよね。そんな条件に応じた繰り返し処理を記述できるのがwhile文です。
条件は、if文のときと同じように、条件式を用いて指定することができます。whileの後の( )で指定した条件式が真であるかぎりブロック{ }内の処理を繰り返し行います。

▶ while文の構文

```
while (year <= 2000) {
  行いたい処理
}
```


▶ プログラムのイメージ

```
while (汚れが消えるまで) {
  拭く;
}
```


112

最低1回は繰り返すdo...while文

while文では、条件式が最初から「偽」だった場合、一度も繰り返し処理が実行されませんが、最低でも1回以上繰り返したいときには「do...while文」を使用します。do...while文では、最初に一度{ }内の処理を実行した後に、さらに処理を繰り返すかどうか、条件式で判断します。

▶ do...while文の構文

```
do {
  行いたい処理
} while (year <= 2000);
```


無限ループには要注意

while文では条件式が偽にならなければ繰り返し処理が終了しません。誤って絶対に偽にならない条件式を指定してしまい、繰り返し処理が終了しない状態を「無限ループ」といいます。
無限ループになると、プログラムが繰り返し処理が続いてそこから先に進めなくなってしまいます。while文を使用するときは無限ループにならないように、繰り返し処理の中で条件が「偽:false」に変化するようプログラムを記述する必要があります。

▶ 無限ループ

```
while( 絶対に偽にならない条件式 ) {
  行いたい処理
}
次の文
```


113

解説
Webサイトを作る際の大事な考え方を、画面や図解をまじえて丁寧に解説しています。

講師によるポイント
特に重要なポイントでは、講師が登場して確認・念押しします。

「どうやってやるのか」がわかる！

コーディングの実践パートでは、1つ1つのステップを丁寧に解説しています。途中で迷いそうなところは、Pointで補足説明があるのでつまずきません。

手順
番号順に入力をしていきます。入力時のポイントは赤い線で示しています。また、一部のみ入力するときは赤字で示します。

Point
その入力作業を行う際の注意点や補足説明です。

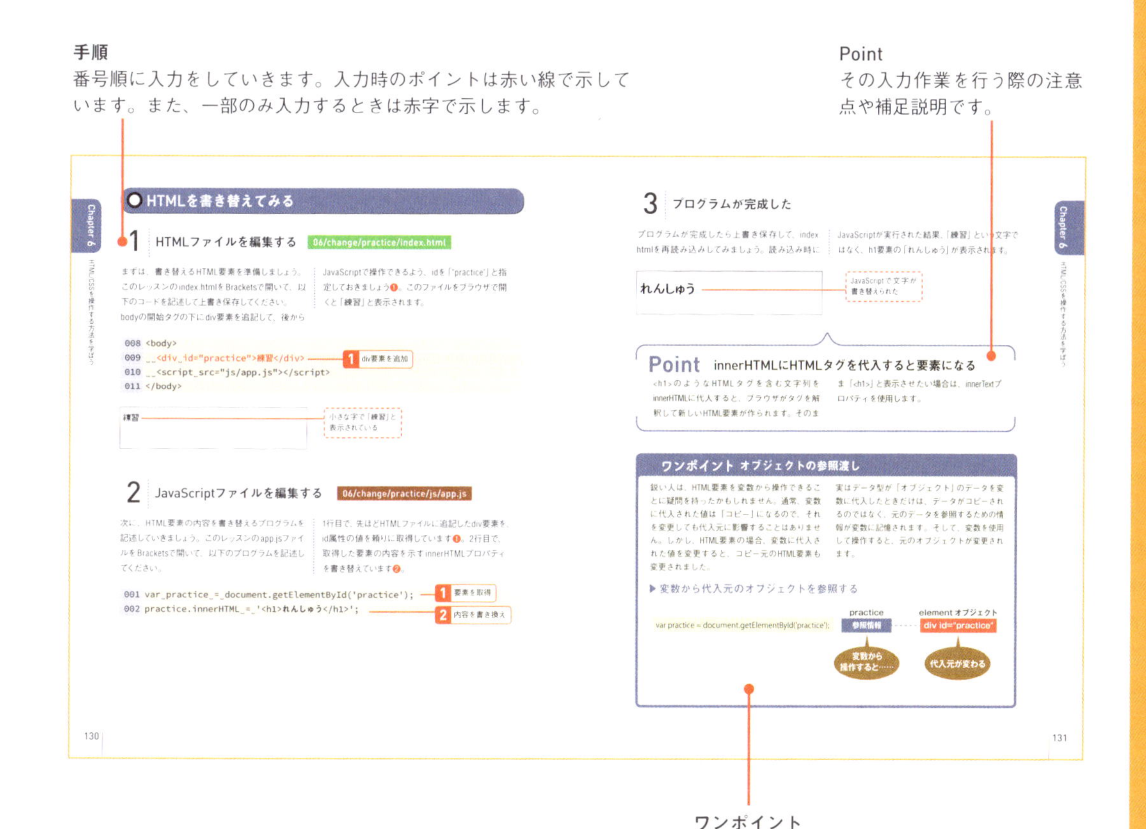

ワンポイント
レッスンに関連する知識や知っておくと役立つ知識を、コラムで解説しています。

いちばんやさしいJavaScriptの教本 人気講師が教えるWebプログラミング入門

Contents
目次

著者プロフィール …… 002
はじめに …… 003
本書の読み方 …… 004
索引 …… 268
本書のサンプルコードのダウンロードについて …… 271

Chapter 1 プログラムを作成する準備をしよう page 013

Lesson / page

01 [プログラムの意味] プログラムとは何かを知りましょう …… 014
02 [JavaScriptの特徴] JavaScriptの特徴を知りましょう …… 016
03 [制作環境を整える①] ブラウザをインストールしましょう …… 018
04 [制作環境を整える②] テキストエディタ「Brackets」をインストールしましょう …… 022
05 [拡張子の表示] ファイルの拡張子を表示しましょう …… 026
06 [HTML/CSSの基礎] HTMLとCSSの基礎を理解しましょう …… 028
07 [テンプレートの準備] サンプルコードのテンプレートを準備しましょう …… 034

Chapter 2 プログラムを作りながら基礎を学ぼう page 037

Lesson

08 [プログラムを書く場所]
プログラムを書く場所を知っておきましょう …… page 038

09 [コンソールの利用]
たった一行のプログラムを書いてみましょう …… 040

10 [基本構文とエラー]
プログラムの基本的なルールを学びましょう …… 042

11 [関数、メソッド、データ]
命令とデータについて学びましょう …… 044

12 [文字列]
文字列の扱い方を学びましょう …… 046

13 [数値と計算]
数値の扱い方を学びましょう …… 048

14 [ダイアログボックスの種類]
ダイアログボックスの使い方を学びましょう …… 052

15 [変数]
変数について学びましょう …… 054

16 [JavaScriptファイルの作成]
BMI計算プログラムを作成しましょう …… 058

17 [コードの書き方]
読みやすいコードを書きましょう …… 064

Chapter 3 条件分岐について学ぼう page 067

Lesson

18 [条件文の概要]
条件分岐とは何かを知りましょう …… page 068

19 [if文の基本的な構造]
if文で条件分岐を書きましょう ………… 070

20 [条件式と比較演算子]
さまざまな条件式を書きましょう ………… 072

21 [else文、複数条件の組み合わせ]
if文の応用的な書き方を学びましょう ………… 076

22 [論理演算子]
複数の条件を組み合わせた条件式の書き方を学びましょう ………… 080

23 [switch文]
switch文について学びましょう ………… 085

24 [実践:ジャンケンゲームを作ろう]
ジャンケンゲームを作りましょう ………… 087

Chapter 4 関数の基本を学ぼう page 093

Lesson 25 [関数の概要]
関数のメリットを知りましょう ………… page 094

26 [関数の定義]
関数の書き方と呼び出し方を学びましょう ………… 096

27 [スコープ]
関数と変数の有効範囲の関係を知りましょう ………… 098

28 [実践:関数]
ジャンケンゲームを関数を使って書き直しましょう ………… 100

Chapter 5 繰り返し処理について学ぼう page 109

Lesson 29 [繰り返し処理の基本]
繰り返し処理とは何かを知りましょう ………… page 110

30 [while文]
条件に応じた繰り返しを書いてみましょう …… 112

31 [for文]
回数の決まった繰り返しを書きましょう …… 116

32 [実践:繰り返し処理]
ジャンケンゲームで連勝回数を表示しましょう …… 118

Chapter 6 HTML/CSSを操作する方法を学ぼう page 123

Lesson
33 [オブジェクトの概要]
オブジェクトとは何かを知りましょう …… page 124

34 [windowオブジェクト]
Webページとオブジェクトの関係について知りましょう …… 126

35 [DOM操作:内容の書き替え]
HTMLの要素の内容を変更してみましょう …… 128

36 [DOM操作:要素へのアクセス]
要素を自在に取得できるようになりましょう …… 132

37 [DOM操作:CSSの変更]
要素のスタイルを変更してみましょう …… 134

38 [DOM操作:要素の追加]
要素を追加してみましょう …… 136

39 [DOM操作:要素の削除]
要素を削除してみましょう …… 140

Chapter 7 ユーザーの操作に対応させよう page 143

Lesson
40 [イベントの概要]
イベントとは何かを知りましょう …… page 144

41 [イベント:click]
クリックイベントでお問い合わせフォームを表示しましょう …… 148

42 [イベント:keyup]
フォームに残り文字数のカウント機能を付けましょう …… 152

43 [タイマー処理]
フォームを時間制限付きの回答フォームに改造しましょう …… 157

Chapter 8 データをまとめて扱おう page 163

Lesson

44 [イベントの概要]
データをまとめて扱いやすくしましょう …… page 164

45 [配列]
配列でデータをまとめましょう …… 166

46 [オブジェクトの作成]
オブジェクトでデータをまとめましょう …… 170

Chapter 9 フォトギャラリーを作成しよう page 177

Lesson

47 [ゴールの確認]
フォトギャラリーの設計を確認しましょう …… page 178

48 [HTMLの操作の実践]
アルバムデータからHTMLを作りましょう …… 180

49 [CSSの実践]
CSSで見た目を装飾しましょう …… 186

50 [イベント処理の実践]
表示する写真画像を選択できるようにしましょう …… 190

Chapter 10 便利なjQueryを使用してみよう page 193

Lesson 51 [jQueryの概要] jQueryとは何かを知りましょう …… page 194

Lesson 52 [jQueryの準備] jQueryを利用する準備をしましょう …… 196

Lesson 53 [jQueryの基本構文] jQueryの基本的な書き方を学びましょう …… 200

Lesson 54 [セレクタとjQueryオブジェクト] セレクタの書き方を学びましょう …… 202

Lesson 55 [jQueryのイベント] イベントの書き方を学びましょう …… 204

Lesson 56 [jQueryの実践①] ドロップダウンメニューを作成してみましょう …… 206

Lesson 57 [jQueryの実践②] Topに戻るボタンを作成しましょう …… 210

Lesson 58 [jQueryプラグイン] jQueryプラグインを使ってスライドショーを作成しましょう …… 216

Chapter 11 Web APIの基本を学ぼう page 223

Lesson 59 [Web APIとは] Web APIとは何かを知りましょう …… page 224

Lesson 60 [基本的なしくみ] Web APIのしくみを知りましょう …… 226

Lesson 61 [Ajax] Ajaxについて理解しましょう …… 228

62 [JSON]
JSONについて理解しましょう …… 230

63 [Web APIの実習]
Web APIで郵便番号から住所を取得してみましょう …… 232

Chapter 12 YouTubeの動画ギャラリーを作ろう page 241

Lesson page

64 [ゴールの確認]
ゴールを確認しましょう …… 242

65 [APIキーの発行]
YouTube Data API(v3)を利用する準備をしましょう …… 244

66 [APIのパラメータ]
YouTube Data API(v3)の使い方を確認しましょう …… 250

67 [YouTube Data API(v3)の利用]
ビデオギャラリーを作成しましょう …… 252

68 [CSSの設定]
スタイルを整えてWebサイトを完成させましょう …… 260

Chapter 13 独学する技術を身につけよう page 263

Lesson page

69 [今後の学習方法]
今後の学習方法を確認しましょう …… 264

70 [オンラインリファレンスの活用]
MOZILA DEVELOPER NETWORK を活用しましょう …… 266

Chapter 1

プログラムを作成する準備をしよう

プログラムを作成する前に、まずはJavaScriptがどのようなものかを理解し、プログラム作成に必要な環境を整えていきましょう。

Lesson 01

[プログラムの意味]

プログラムとは何かを知りましょう

このレッスンのポイント

プログラムを作成する前に、そもそもプログラムとは何なのかを説明します。なぜプログラミング言語にはたくさんの種類があり、その中でもJavaScriptを学ぶとどのようなことができるのか、理解してから先に進みましょう。

プログラムとは

「プログラム」とは、コンピュータに命令する内容をまとめた文章です。
人が人に命令をするときは、日本語や英語など人間の言語を用いますが、コンピュータは人間の言語を理解することができません。そのため、コンピュータに命令をするためには、コンピュータが理解できる「プログラミング言語」を使う必要があります。そして、プログラミング言語を使ってプログラムを作成することを「プログラミング」といいます。

▶ コンピュータはプログラミング言語を理解する

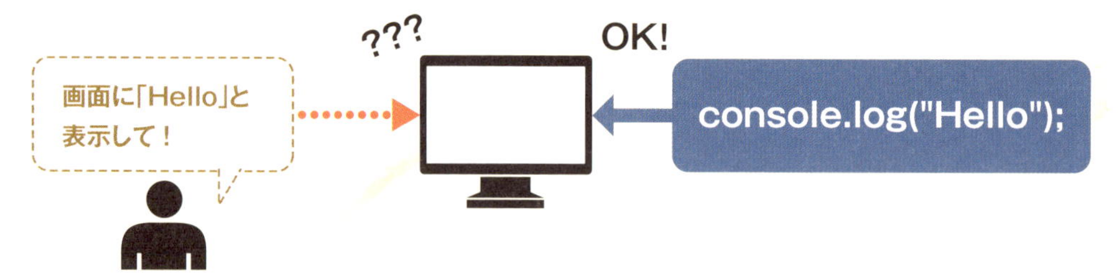

▶ プログラムに関するさまざまな用語

用語	意味
プログラム	コンピュータに命令する内容をまとめた文章
プログラミング言語	プログラムを書くための言語
プログラミング	プログラムを作成すること
コード	プログラムを含む、ルールに基づいて書かれた文字の集まり

プログラミング言語には種類がある

人間の言葉が地域ごとに発達してきたように、プログラミング言語も分野ごとにさまざまな言語が発達してきました。これから本書で扱うJavaScriptは、Internet ExplorerやGoogle Chromeなどのブラウザ上で動作するプログラミング言語として発達し、現在ではすべてのプログラミング言語の中でも高い人気を誇っています。その他にも、機械制御に多く使用されるC言語や、Web制作に特化したPHP、データ解析・機械学習に人気のPythonなど、さまざまな言語があります。

▶ プログラミング言語の比較（ごく一例）

プログラミング言語名	得意分野の例	画面に「Hello」と表示するプログラム
JavaScript（ジャバスクリプト）	Web（ブラウザ上で動作）	alert('Hello');
PHP（ピーエイチピー）	Web（サーバー上で動作）	echo "Hello";
Python（パイソン）	データ解析・機械学習	print("Hello")
C（シー）言語	機械制御・OS開発	printf("Hello");
Java（ジャバ）	基幹システム・Android開発	System.out.println("Hello, world.");

どの言語を学べばいいの？

目的が明確なときは、その目的に合ったプログラミング言語を学ぶべきですが、はじめて学ぶときは、どのプログラミング言語を選ぶべきかすらわからないこともあるでしょう。その点で、JavaScriptは最もおすすめできるプログラミング言語の1つです。非常に人気が高く広く使われているので、学ぶために必要な情報や資料を簡単に手に入れられます。また、入門者が挫折しやすいプログラミング環境の準備も容易で、多くのコンピュータに最初から入っているブラウザなどのソフトウェアだけでプログラミングを始めることができます。

どの言語を学べばいいのか悩むときは、まずはJavaScripを学んで、プログラミングに慣れてきたら、目的に応じたプログラミング言語を使い分けるようにするといいでしょう。プログラミング言語には共通点があるので、どの言語を学んでも、学んだことが無駄になることはありません。

コンサートや運動会では、これから行う「予定」のことを「プログラム」といいますよね。コンピュータにおけるプログラムも、これからコンピュータに命令する「予定」を書いた文章といえます。

Lesson 02 [JavaScriptの特徴]

JavaScriptの特徴を知りましょう

このレッスンのポイント

JavaScriptの歴史や実際の用途を例に挙げながら、JavaScriptの特徴を説明します。このレッスンを通じて、JavaScriptとともに使われることの多いHTMLやCSSとの関係性を理解して、説明できるようにしておきましょう。

JavaScriptの概要

JavaScriptはブラウザ上で動作するプログラミング言語として1995年に登場しました。当時人気の高かったNetscape Navigator 2.0というブラウザにはじめて実装され、現在ではほぼすべてのブラウザから利用することができます。

現在のWebページの多くは、文章構造を作るHTMLと、HTMLの見た目を装飾するCSS、そして、それらを操作するJavaScriptで構成されています。

例えば「ボタンを押すとメニューが表示される」という機能は、ボタンが押された際に、JavaScriptのプログラムがHTMLとCSSを書き替えて、メニューを表示することで実現しています。

その他にも、Googleマップ、FacebookなどのWebサイトは、画面上で操作できたり、検索結果がリアルタイムに表示されたりと、アプリのような機能を実現していますが、これらもJavaScriptによって実現されています。

▶ボタンを押すとメニューが表示される機能

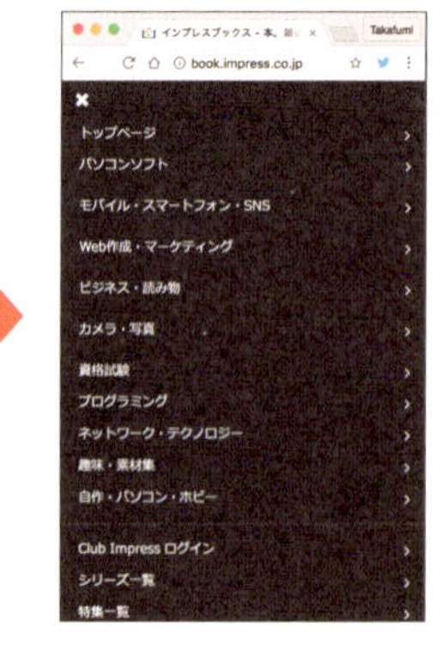

スマートフォンでもよく見かけるボタンを押すとメニューが表示される機能は、JavaScriptで実装されている。

JavaScriptでできること

JavaScriptは主にブラウザに命令するためのプログラムを記述することができます。より理解を深めるために、代表的な例を確認していきましょう。

▶ HTML/CSSの書き替え

Webページは基本的にHTMLとCSSでできており、一度ブラウザで読み込まれると、その後変化することはありません。そのため前ページの例にあった「ボタンを押すとメニューが表示される」というような機能を実現するためには、HTMLとCSSを書き替える必要があります。JavaScriptを使うことで、このHTMLとCSSの書き替えを行うことができます。

▶ データの検証・計算処理

JavaScriptは他のプログラミング言語と同じように、データの計算や検証の処理を行うことができます。例えば「フォームの入力文字数が制限内か表示する」という機能を実現することができます。

入力文字数がカウントされる

▶ 非同期通信（Ajax）

通常、他のコンピュータと通信を行うためには、ブラウザのアドレスバーにURLを入力し、そのページにアクセスする必要がありますが、JavaScriptを使うとそうしたページの移動をせずに通信を行うことができます。これを専門用語で「非同期通信（Ajax）」といいます。例えば検索エンジンのGoogleでキーワードを入力すると、入力中に検索候補が表示されますが、これは、入力された情報を元にJavaScriptで通信を行って、他のコンピュータから検索候補の情報を取得することで実現しています。

検索候補が表示される

JavaScriptはWebサイトでより豊かな表現や便利な機能を実現するために用います。GoogleやTwitterなどでも利用されている、Web制作に欠かせない技術です。

Lesson 03

[制作環境を整える①]

ブラウザをインストールしましょう

このレッスンのポイント

ここからJavaScriptでプログラミングをするための環境を整えましょう。まずはブラウザの「Google Chrome」をインストールします。Google ChromeはPC用のブラウザで最も利用者数が多いといわれているだけでなく、開発に便利なツールも備わっています。

最も利用されているブラウザ「Google Chrome」

JavaScriptのプログラミングには、動作確認のためのブラウザが必要です。主要なブラウザには、Google Chrome、Edge、Internet Explorer、Safari、Firefox などの種類がありますが、本書では最もシェアの高い「Google Chrome（グーグル クローム）」をおすすめします。Google Chromeは利用シェアが高いだけでなく、WindowsとmacOSの両方に対応していますし、「デベロッパーツール」と呼ばれる開発支援機能が充実しており、Web制作に適したブラウザであるといえます。

▶ Google Chromeの画面構成

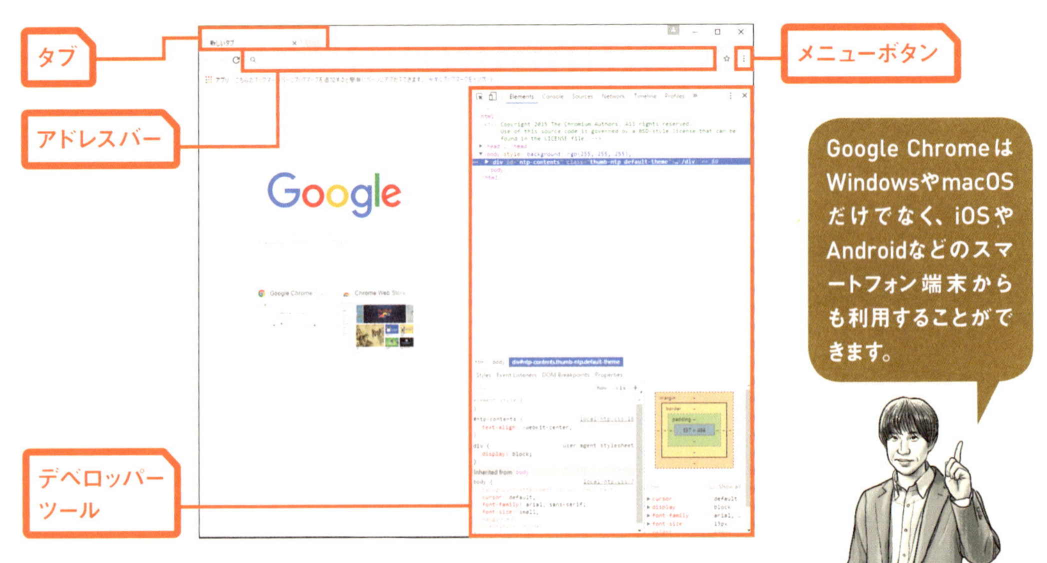
タブ
アドレスバー
デベロッパーツール
メニューボタン
Google
Google ChromeはWindowsやmacOSだけでなく、iOSやAndroidなどのスマートフォン端末からも利用することができます。

Google Chromeをインストールする(Windows)

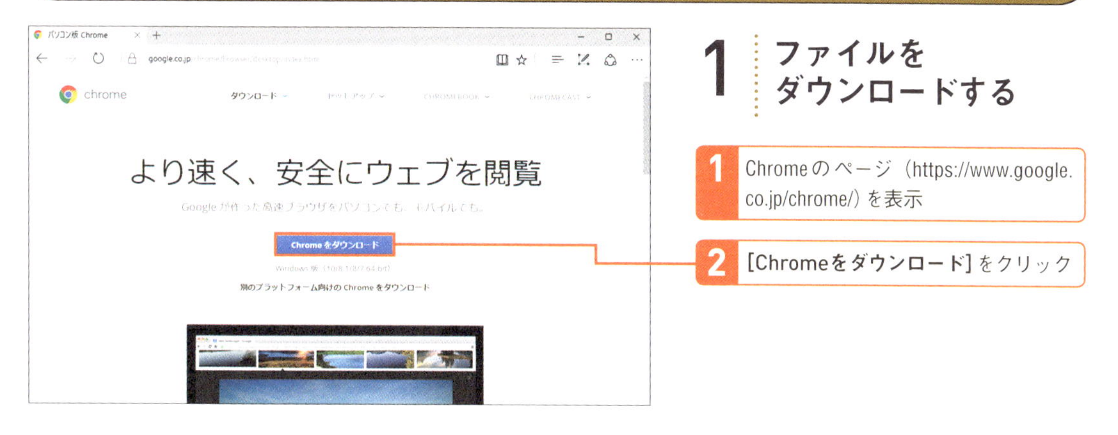

1 ファイルをダウンロードする

1 Chromeのページ(https://www.google.co.jp/chrome/)を表示

2 [Chromeをダウンロード]をクリック

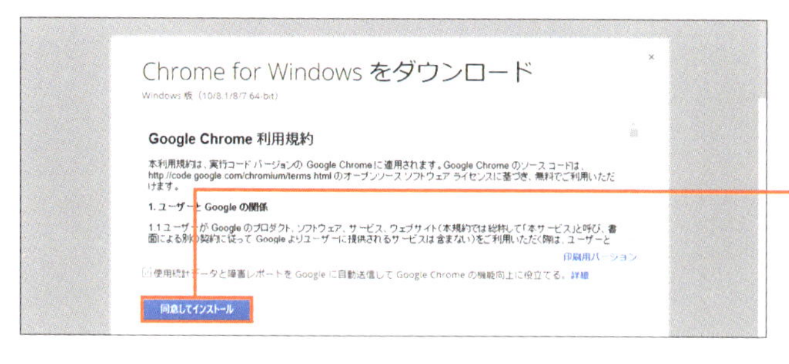

2 利用規約を確認する

1 [同意してインストール]をクリック

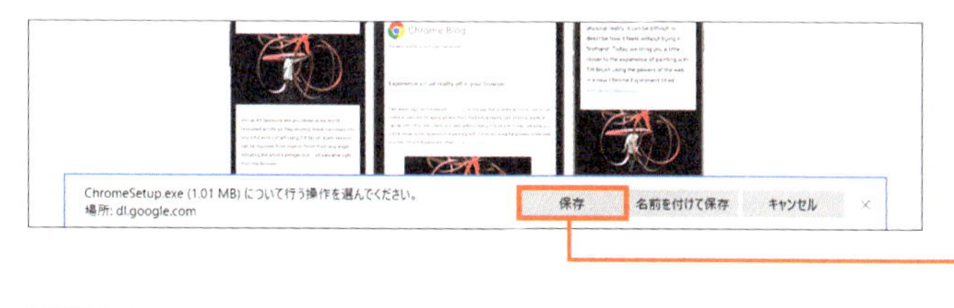

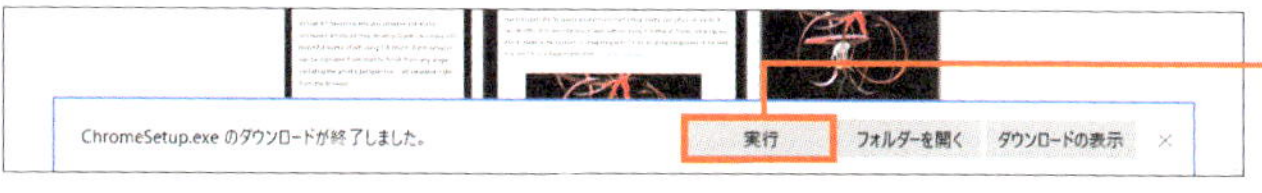

3 インストールを実行する

1 ブラウザ下部に表示される[保存]をクリック

2 ダウンロード完了後に表示される[実行]をクリック

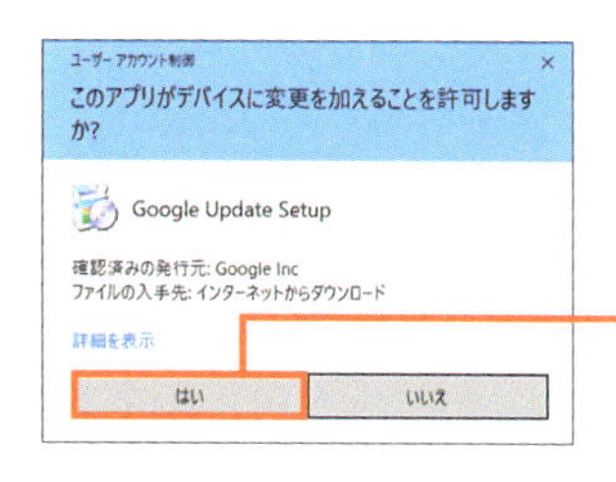

4 PCに変更を加えることを許可する

1 [はい]をクリック

Google Chromeがインストールされる

NEXT PAGE →

5 Chromeを起動する

1 スタートメニューから［すべてのプログラム］をクリック

2 ［Google Chrome］をクリック

Google Chrome をインストールする（macOS）

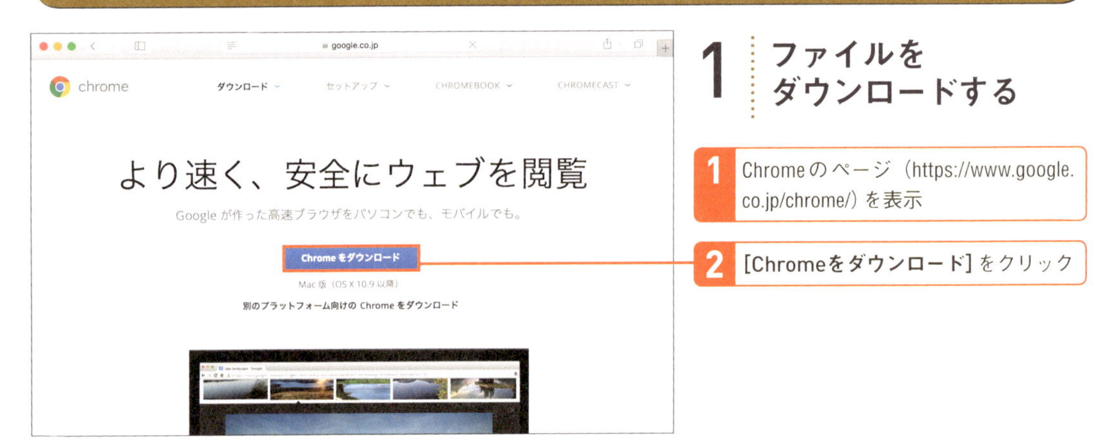

1 ファイルをダウンロードする

1 Chromeのページ（https://www.google.co.jp/chrome/）を表示

2 ［Chromeをダウンロード］をクリック

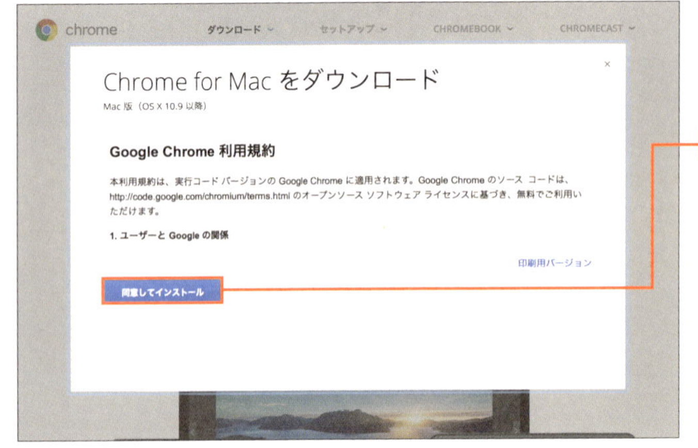

2 利用規約を確認する

1 ［同意してインストール］をクリック

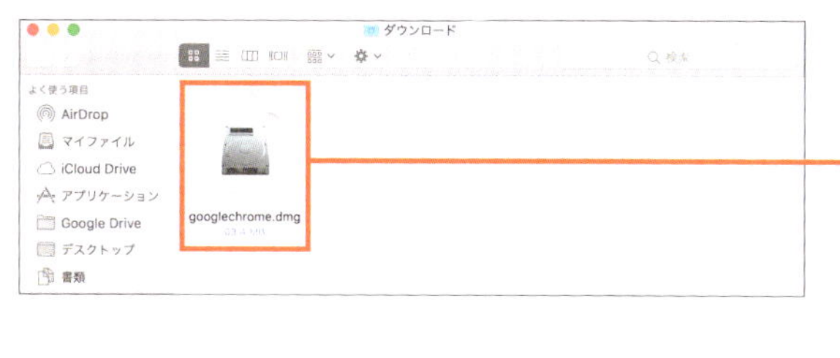

3 ダウンロードしたファイルを開く

1 ダウンロードしたファイルをダブルクリック

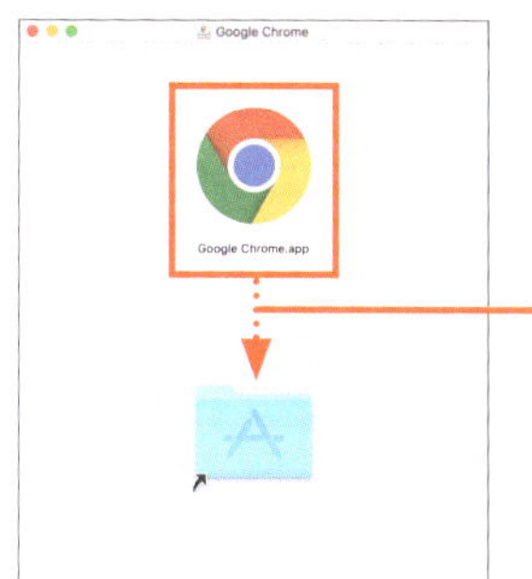

4 アプリケーションフォルダにコピーする

1 Chromeのアイコンをアプリケーションフォルダにドラッグ

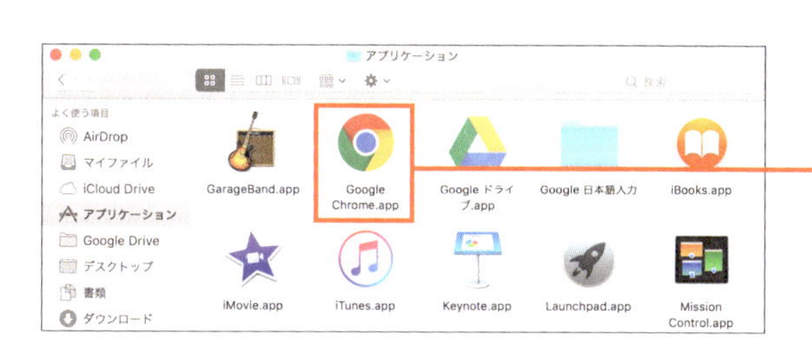

5 Chromeを起動する

1 アプリケーションフォルダの中の[Google Chrome]をダブルクリック

ワンポイント よく使うアプリは起動しやすくする

よく使うアプリケーションは、Windowsならタスクバー、macOSならDockに登録すると素早く起動できます。どちらもアプリを起動したときにツールバーやDockにアイコンが表示されているので、右クリック（Macは control キーを押しながらクリック）して表示されるメニューから登録しておきましょう。

アイコンを右クリックして［タスクバーにピン留めする］をクリック

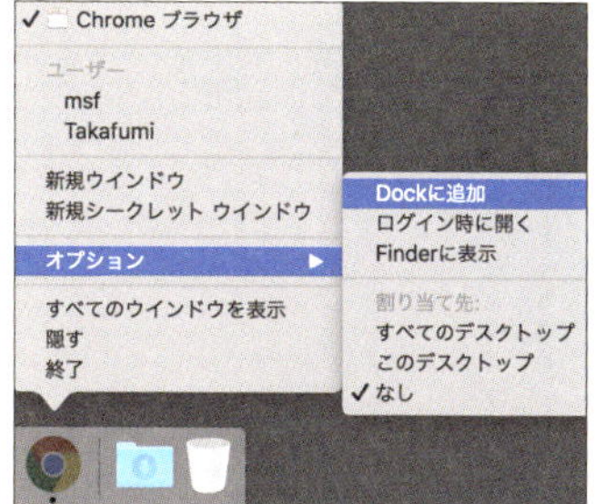

アイコンを右クリックして［オプション］-［Dockに追加］をクリック

Lesson 04

[制作環境を整える②]

テキストエディタ「Brackets」をインストールしましょう

このレッスンのポイント

続いてJavaScriptを書くためのテキストエディタをインストールしましょう。本書では、コーディングの支援機能が付いたテキストエディタ「Brackets」をおすすめします。Bracketsは、Windows、macOSの両方から利用できます。

JavaScriptの開発に適した日本語対応エディタ「Brackets」

プログラムを記述するためには、テキストエディタというアプリケーションが必要になります。Windowsの場合は「メモ帳」、macOSの場合は「テキストエディット」というテキストエディタがはじめからインストールされていますが、より高機能でプログラム開発に適したテキストエディタを利用することが一般的です。本書では、Adobeが主体となってオープンソースで開発しているテキストエディタ「Brackets（ブラケッツ）」をおすすめします。無料ながらもJavaScriptのエラーを発見してくれる機能や、コードの変更をリアルタイムにブラウザへ反映してくれる機能など、プログラミングに必要な機能がはじめから備わっており、後から機能追加することもできます。

▶ Bracketsの画面構成

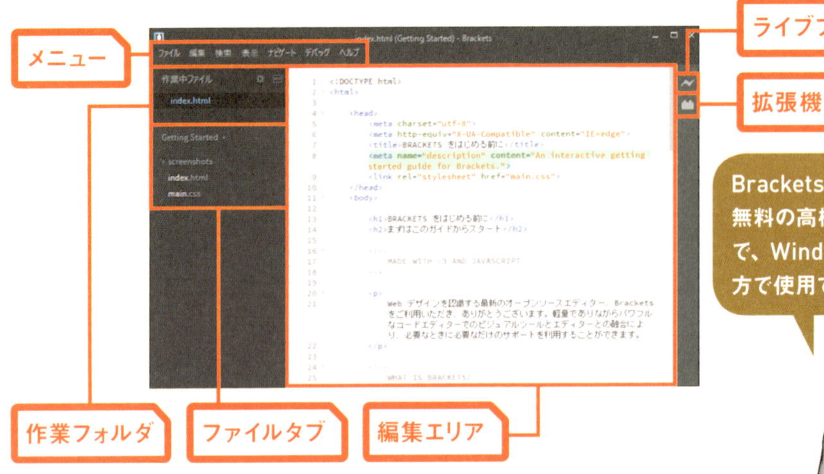

Bracketsは日本語に対応した無料の高機能テキストエディタで、Windows、macOSの両方で使用できます。

Brackets をインストールする（Windows）

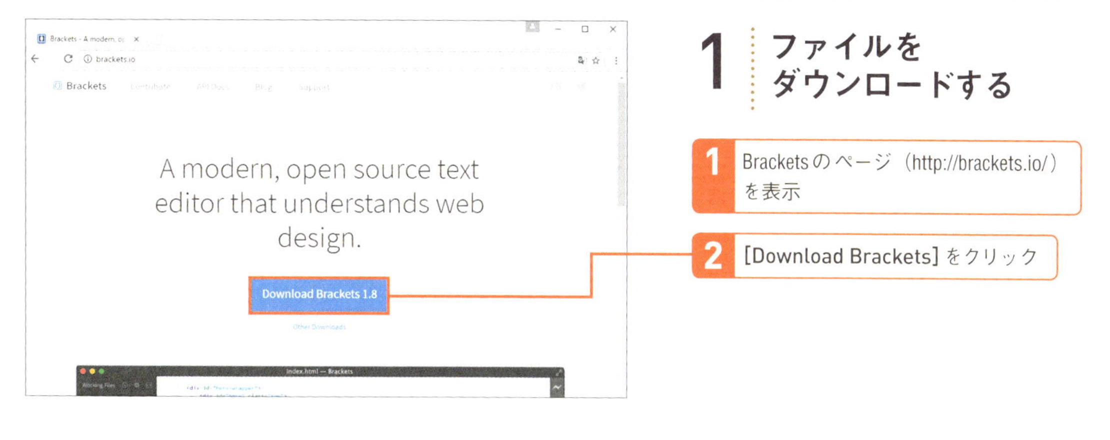

1 ファイルをダウンロードする

1 Brackets のページ（http://brackets.io/）を表示

2 [Download Brackets] をクリック

2 ダウンロードしたファイルを実行する

1 ファイルをダブルクリック

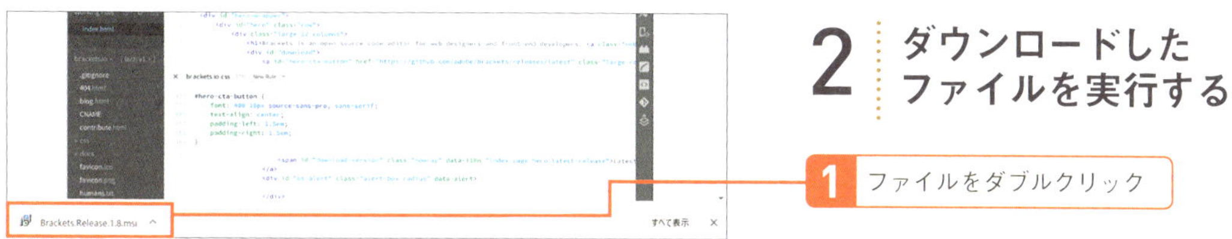

3 セキュリティの警告を確認する

1 [実行] をクリック

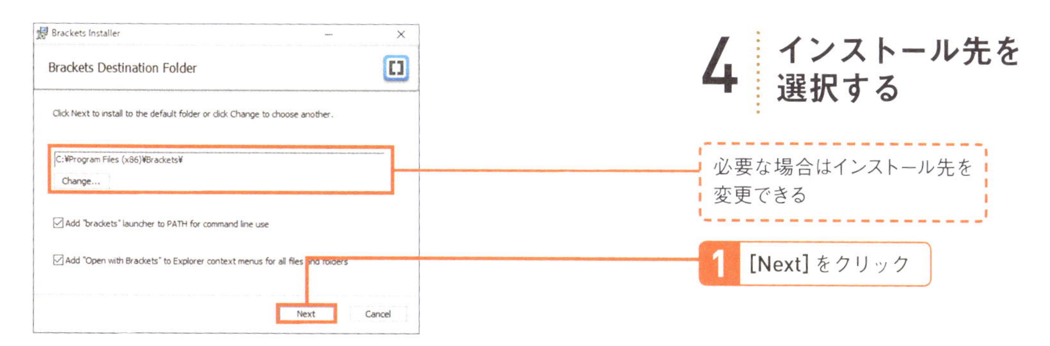

4 インストール先を選択する

必要な場合はインストール先を変更できる

1 [Next] をクリック

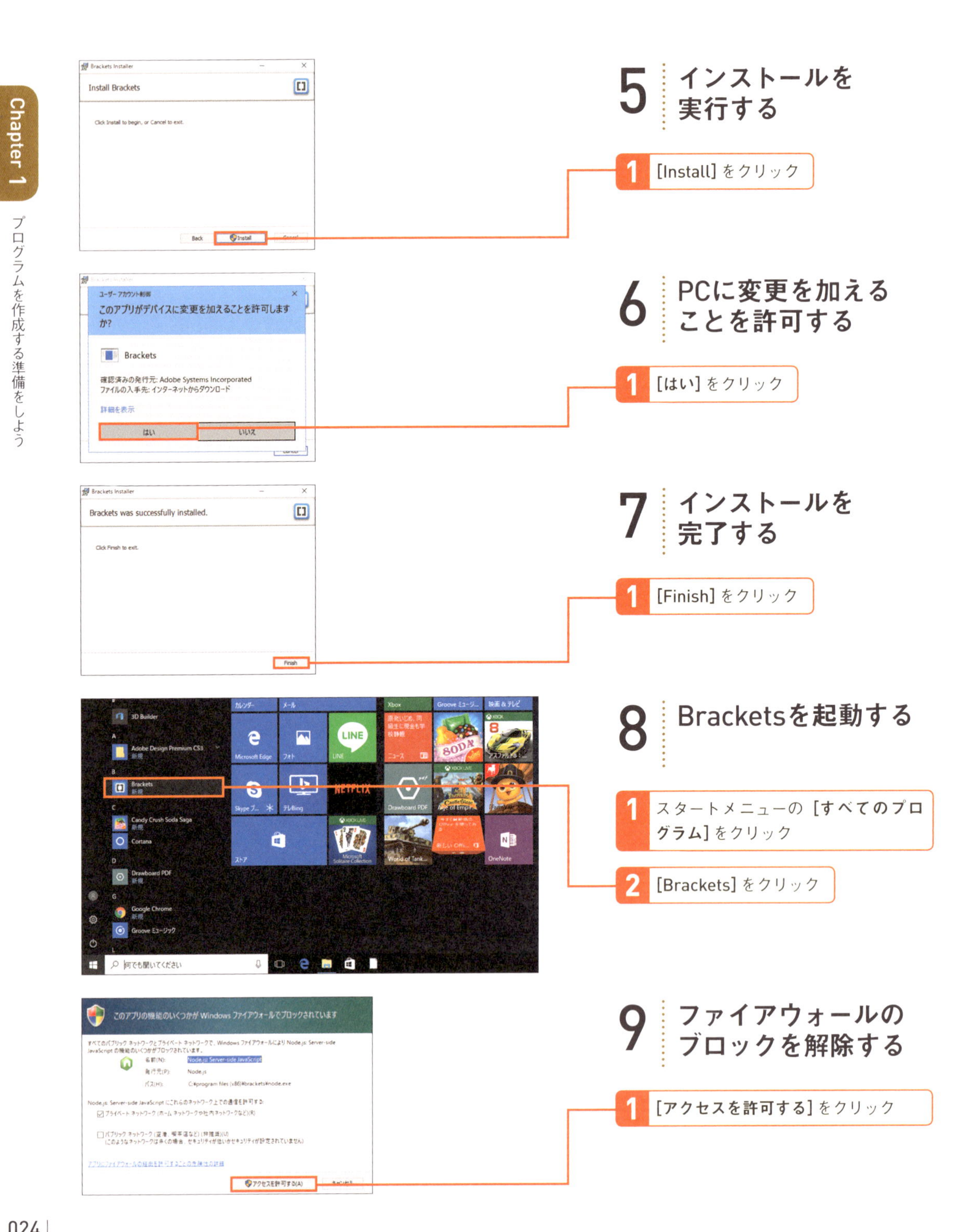

Chapter 1
プログラムを作成する準備をしよう

5 インストールを実行する

1 [Install] をクリック

6 PCに変更を加えることを許可する

1 [はい] をクリック

7 インストールを完了する

1 [Finish] をクリック

8 Bracketsを起動する

1 スタートメニューの [すべてのプログラム] をクリック

2 [Brackets] をクリック

9 ファイアウォールのブロックを解除する

1 [アクセスを許可する] をクリック

Brackets をインストールする（macOS）

1 ファイルをダウンロードする

1 Bracketsのページ（http://brackets.io/）を表示

2 [Download Brackets] をクリック

2 ダウンロードしたファイルを開く

1 ダウンロードしたファイルをダブルクリック

3 アプリケーションフォルダにコピーする

1 Bracketsのアイコンをアプリケーションフォルダにドラッグ

4 Bracketsを起動する

1 アプリケーションフォルダの中の [Brackets] をダブルクリック

Lesson 05 [拡張子の表示]

ファイルの拡張子を表示しましょう

このレッスンのポイント

拡張子とは、ファイルの種類を示す英数字です。Windowsやmac OSの初期設定では表示されませんが、プログラミングを行う際は表示されているほうがファイルの見分けがつきやすくて便利です。ここで、設定を変更しておきましょう。

ファイルの種類を示す拡張子

コンピュータは「拡張子」という仕組みでファイルの種類を識別しています。例えばHTMLファイルであれば「ファイル名.html」、CSSファイルであれば「ファイル名.css」という具合に、ファイルに名の後に「.」を挟んで、拡張子と呼ばれる数文字の英数字でファイルの種類を示しています。拡張子はファイルの種類を識別する大切なものなので、WindowsやmacOSの初期設定では拡張子を隠し、編集できないように設定されています。ですが、プログラミングを行う際は、自分で拡張子を指定したり、拡張子を意識してファイルを見分ける必要があります。このレッスンで設定を変更してしまいましょう。

▶ 拡張子の種類

ファイルの種類	拡張子
JavaScriptファイル	js
HTMLファイル	htm、html
CSSファイル	css
JPEG画像	jpg、jpeg
PNG画像	png

拡張子はファイルの種類を表します。プログラム中でファイルを指定する際にも使うので、表示して見えるようにしておきましょう。

拡張子を表示する(Windows 10/8.1)

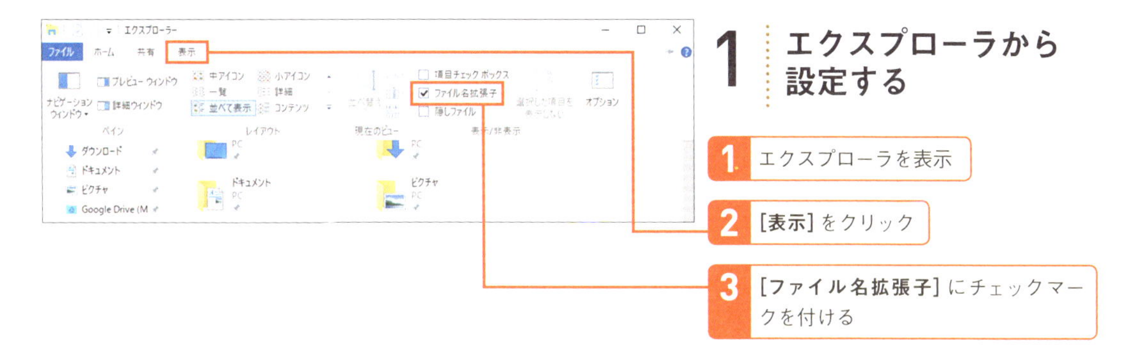

1 エクスプローラから設定する

1 エクスプローラを表示

2 [表示] をクリック

3 [ファイル名拡張子] にチェックマークを付ける

拡張子を表示する(macOS)

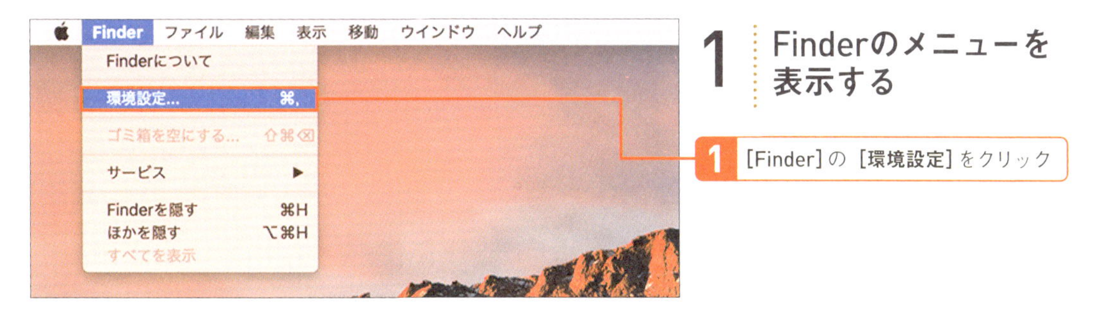

1 Finderのメニューを表示する

1 [Finder] の [環境設定] をクリック

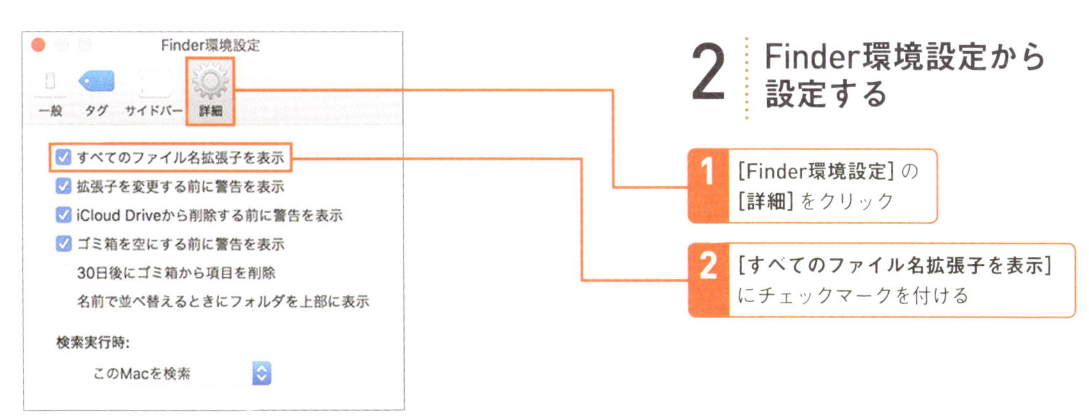

2 Finder環境設定から設定する

1 [Finder環境設定] の [詳細] をクリック

2 [すべてのファイル名拡張子を表示] にチェックマークを付ける

Lesson 06

[HTML/CSSの基礎]

HTMLとCSSの基礎を理解しましょう

このレッスンのポイント

このレッスンでは、JavaScriptの学習に必要不可欠なHTMLとCSSの知識を学びましょう。HTML・CSS・JavaScript の関係をしっかり理解することで、JavaScriptを学んだ際に実現できる表現の幅も広がります。

HTML・CSS・JavaScript それぞれの役割について確認しよう

Webページは基本的に文章構造を作るHTMLと、その見栄えを飾るCSS、画像などの内容で作られています。HTMLとCSSは一度ブラウザに読み込まれると、変化することはありません。しかし、JavaScriptを使うことで、ブラウザに命令してHTMLやCSSを書き替えることが可能です。これによって、表示している内容を差し替えたり、ユーザーの操作に応じてメニューの表示を切り替えたりすることができるようになります。

▶ファイルの種類と役割

名前	主な役割
HTML	Webページの文章構造を作る
CSS	HTMLにスタイルを付与し、Webページの見栄えを作る
JavaScript	ユーザーの操作に応じてHTMLやCSSを書き替える

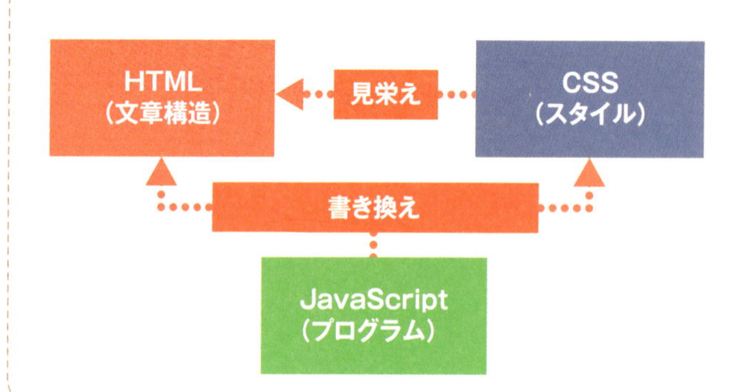

現在のWebページはHTML、CSS、JavaScriptが互いに連携することによって作られています。

Webページの文章構造がHTMLで作られる理由

HTMLとは、皆さんが普段ご覧になっているWebページを作る最も基本的な技術です。
人間は文章を見ると、どこが見出しで、どこが本文か、表示されている画像は何なのか、ということが理解できますが、コンピュータはそうした意味を見た目で判断することが苦手です。コンピュータがWebページを理解できないと、そのWebページに何が書かれているのか理解できず、検索などのシステムを作ることができません。そこでHTMLでは、Webページを構成するテキストや画像などの内容に対して意味付け（マークアップ）を行い、それぞれの内容がどのような意味を持っているのかをコンピュータからも理解できるようにしています。HTMLはこのように、Webページの基本となる文章構造を作る役割を担っています。

▶ HTMLがない場合

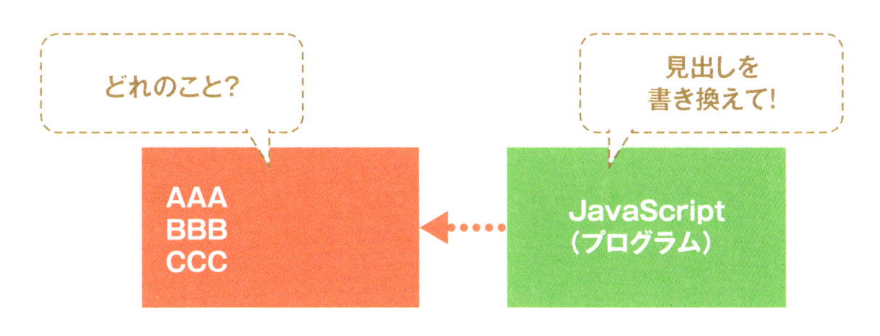

▶ HTMLがある場合

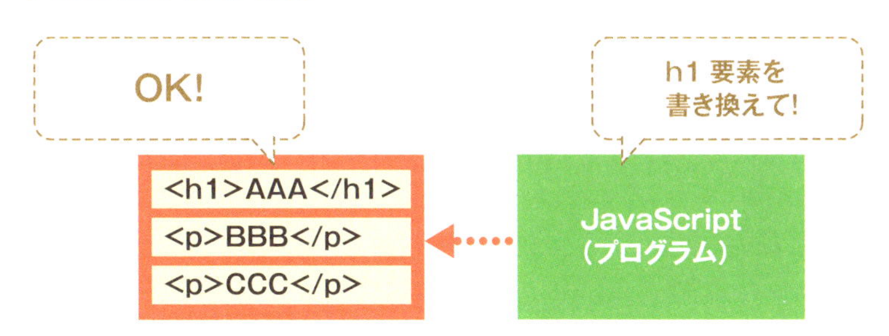

WebページがCSSで装飾できるのも、JavaScriptで操作できるのも、HTMLで作られているおかげです。

HTMLの基本

HTMLは、テキストや画像などの「内容」を「タグ」で意味付け（マークアップ）してWebページの文章構造を作ります。「内容」は、タグで意味付けされることで、JavaScriptを含めたプログラムから扱うことができるようになります。このとき、タグと、タグで意味付けされた内容全体をまとめて「要素」といいます。

タグの基本構文

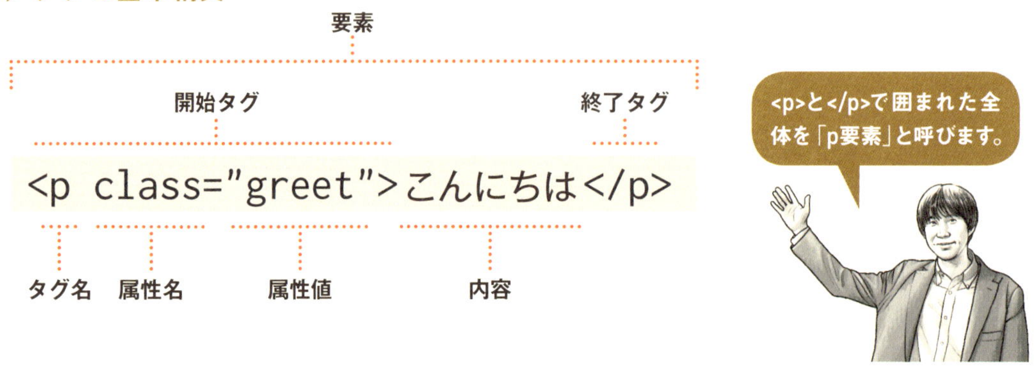

タグと属性

上図のように小なり記号「<」から大なり記号「>」に挟まれている範囲がタグになります。タグは「開始タグ」と「終了タグ」の2つで構成され、内容の前後を「開始タグ」と「終了タグ」で挟むことで意味付けを行います。例えば上記の例の「pタグ」は段落（paragraph）を作ります。開始タグの「<」直後にくるのがそのタグの「タグ名」です。タグ名の後は、必要に応じて「属性」と呼ばれる補足情報を記述し、最後に「>」を付けます。終了タグも「<」から始まりますが、開始タグと区別するために、タグ名の前にスラッシュ記号「/」が付きます。なお、終了タグは終了地点を示すだけなので、属性などは記述しません。

HTMLを構成するもの

名前	意味
要素	Webページを構成する要素のこと
タグ	内容に意味付けを行い、要素を作るもの
内容	テキストなど、タグで意味付けされるものの総称
属性	要素に関する補足情報で、タグの中に記述する

内容を持たない空要素

要素の中には、テキストや画像などの内容を持たない要素があります。こうした要素を「空要素」といいます。「空要素」には内容が無いため、終了タグは不要です。「空要素」を作り、終了タグなしで使用するタグを「単独タグ」といいます。代表的な空要素には画像（image）を表す「img要素」や改行（break）を表す「br要素」があります。

▶ 空要素は単独タグで示す

```
<img src="sample.png" alt="サンプル画像">
<br>
```

要素を分類できるclass属性とid属性

要素の種類はタグによって定義されるため、タグだけでもある程度分類することができますが、JavaScriptで「この要素を指定したい」となったとき同一のタグが複数あると、どの要素を選んでいいのかわかりません。そんなときに便利なのがclass属性とid属性です。

class属性は分類用の属性で、任意の名前を付けて要素を分類することができます。class属性を付与することで、後から「○○○classの要素」だけ指定してJavaScriptで操作できます。また、Webページ内に1つしかない要素を特定したい場合はid属性を使います。id属性は同一のWebページ内で名前の重複が許されません。class属性やid属性は、CSSで装飾を施す際も同様に利用することになります。

▶ class属性による特定

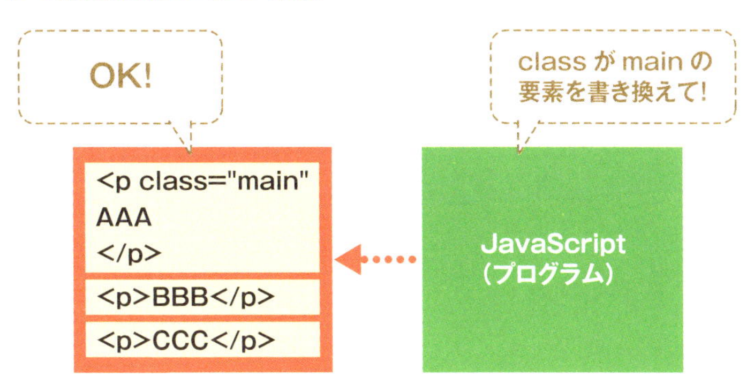

class属性やid属性を使うことで、要素をプログラムで扱いやすいように分類することができます。

要素同士の関係性

要素は、他の要素を内容に持って、入れ子構造を作ることができます。ある要素から見て、自身が内包される要素を「祖先要素」、自身が内包する要素を「子孫要素」といいます。また特に、ある要素の直下にある要素を、その要素の「子要素」といい、その要素を子要素から見たときは「親要素」といいます。また、同じ親要素を持つ要素を「兄弟要素」といいます。ちょうど人間の親子関係と同じですね。なお、html要素はすべての要素を内容に持つため、すべての要素の祖先要素であるといえます。JavaScriptでは「取得した要素の子要素を操作したい」という場面がよくあります。そうした意味でも、要素の親族関係を正しい用語で理解することは重要です。

▶ 要素の親族関係

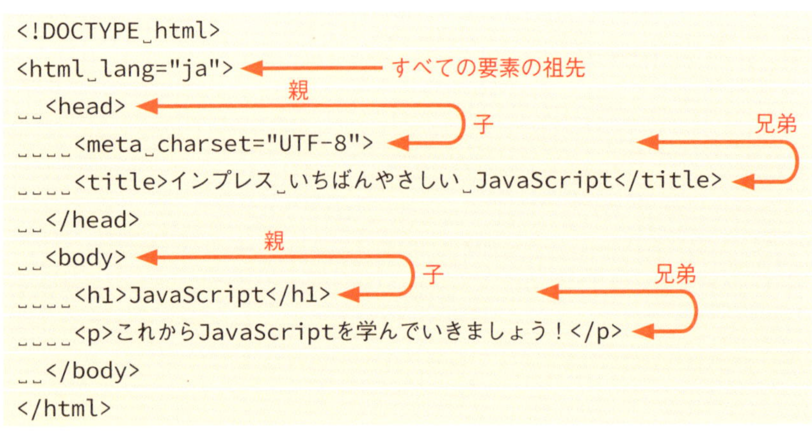

```
<!DOCTYPE html>
<html lang="ja">
  <head>
    <meta charset="UTF-8">
    <title>インプレス いちばんやさしい JavaScript</title>
  </head>
  <body>
    <h1>JavaScript</h1>
    <p>これからJavaScriptを学んでいきましょう！</p>
  </body>
</html>
```


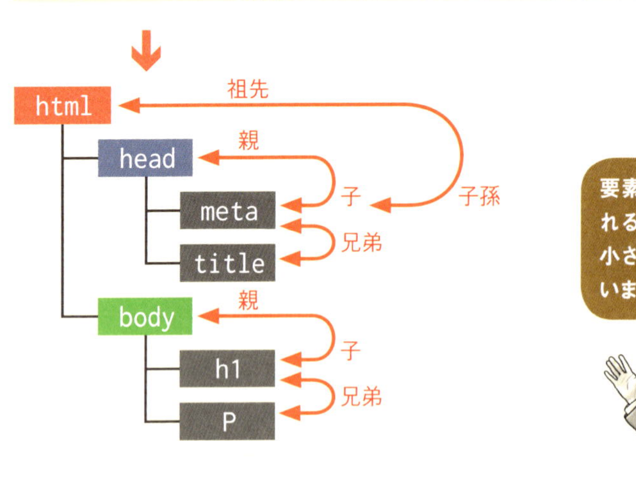

CSSの基本

CSSは「セレクタ」と「プロパティ」を使ってHTMLにスタイルを適用します。「セレクタ」は、どのHTML要素にスタイルを適用するのかを指定するために記述します。「プロパティ」はさまざまな種類があり、セレクタで指定された要素に対して、どのようなスタイルを施すかをプロパティ値とのセットで記述します。セレクタでclass属性を指定する場合はドット「.」、id属性を指定する場合はシャープ「#」記号を使います。例えば、下図のセレクタではclass属性の属性値がgreetのp要素を指定しています。

ある要素の中の要素を指定するには、「body p」という具合に半角スペースを1つあけて記述します。この場合、body要素の中のすべてのp要素を指定することができます。

▶ CSSの基本構造

セレクタ

```
p.greet{
␣␣background-color:␣#000;
}
```

プロパティ　　プロパティ値

class属性がgreetのp要素の背景色を#000(黒)にする

▶ greetというclass属性を持つ要素を選択

```
.greet{
    プロパティ
}
```

▶ maintitleというid属性を持つ要素を選択

```
#maintitle{
    プロパティ
}
```

▶ body要素内のすべてのp要素を選択

```
body p{
    プロパティ
}
```

HTML要素やCSSプロパティの種類はかなり数が多いので、本書ではそのつど必要なものを解説しながら紹介します。

Lesson 07

[テンプレートの準備]

サンプルコードのテンプレートを準備しましょう

このレッスンのポイント

このレッスンでは、各レッスンで使用するサンプルコードの使い方をお伝えします。また、JavaScriptでよく使用するHTMLファイルをテンプレートにまとめ、同じHTMLを何度も書かなくてもいいように準備していきます。

サンプルコードの使い方

まずは本書を読み進める前に、サンプルコードを準備しましょう。271ページで紹介している本書のサポートページからZIPファイルをダウンロードし、それを展開してデスクトップなどに保存しておいてください。JavaScriptを学習する際は、HTMLとCSSも記述する必要がありますが、本書では、JavaScriptの学習に集中してもらえるように、基本的なHTMLとCSSが記述された練習用ファイルと、完成したサンプルコードをあらかじめ用意しました。

「02」〜「12」の章フォルダの中には、各章で作成する「制作物」が入ったフォルダがあります。

その中の「practice」フォルダは練習用のファイルが入っていて、皆さんはこのファイルを書き替えながら本書に沿って学習していきます。

▶ サンプルコードのファイル構成

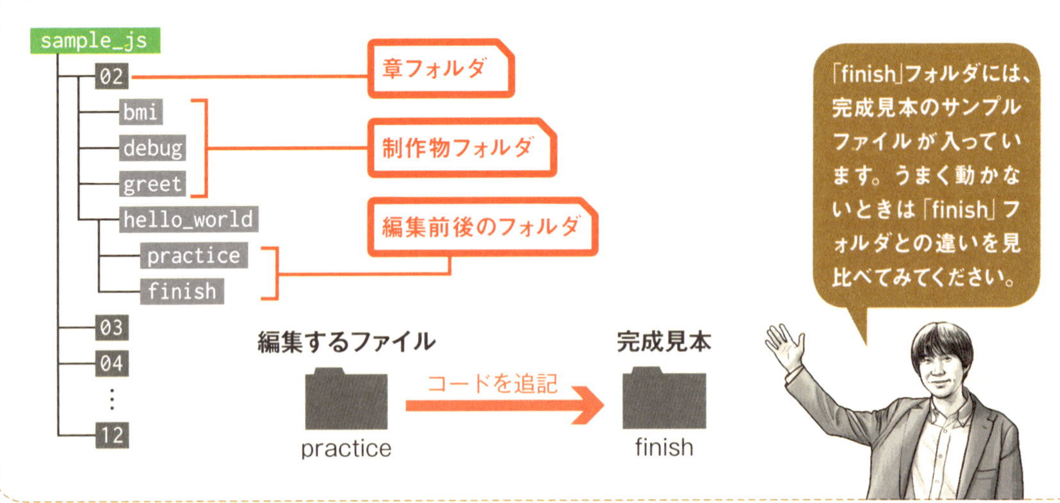

テンプレートの使い方

レッスンごとのフォルダの他に「template」と書かれたフォルダがあります。
この中には「JavaScriptのプログラムを書きたい」と思ったときにさっと取り掛かることができるよう、記述するHTMLとCSSをあらかじめ用意したテンプレートのファイルがあります。自作のプログラムを試したい場合は、このファイルをコピーして使用してください。
なお、各レッスンの「practice」フォルダの中身も基本的に「template」フォルダと同じ内容になっています。「template」フォルダと異なる点がある場合は、レッスン中でお伝えするので、安心してください。

▶ テンプレートのファイル構成

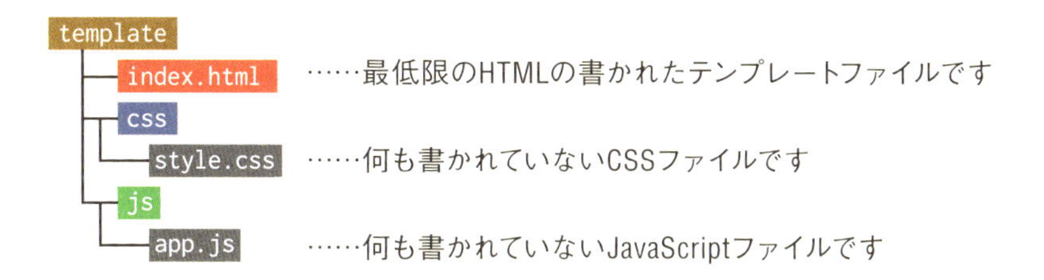

▶ index.html の内容

テンプレートファイルのうち、「style.css」と「app.js」ファイルは何も書かれていない空のファイルです。index.htmlだけは、必要最低限のタイトルや、読み込むCSS、JavaScriptファイルの情報が記載されています。レッスンでHTMLを編集する際は、bodyタグの間にコードを追記していきます。

```
<!DOCTYPE html>
<html lang="ja">
<head>
    <meta charset="UTF-8">
    <title>インプレス いちばんやさしいJavaScriptの教本</title>
    <link rel="stylesheet" href="css/style.css">
</head>
<body>
    <script src="js/app.js"></script>
</body>
</html>
```

コードの追記はbodyタグの間に行う

ワンポイント レッスンの進め方と各章の構成

事前準備お疲れさまでした。いよいよこれから実際にJavaScriptの学習に入っていきますね。本書は全13章で、Chapter 1から順にレベルアップしながら学べるように構成されています。そのため、プログラミングがはじめてという方は、Chapter 1から順に読み進めることをオススメします。
新しいことを次々に学んでいくので、すべて一回で理解するのは難しいこともあるかもしれません。ですがそんなときも、学ぶのを止めないで、ぜひ先に進んでください。それは、一回で理解できなかったことも、先に進んでいくうちにわかることがあるからです。
幸いプログラムは「試す」ことができて、正しくできていれば「動く」ことで確認することができます。ぜひたくさん手を動かして、できることが増えるのを楽しみながら進めてみましょう。

▶ プログラミングの基本を身につける

Chapter 1〜Chapter 5では、JavaScriptのプログラミングの基礎を身につけます。
このChapter 1ではプログラミングをはじめるための準備を行い、Chapter 2では実際にプログラムを記述して、文字の表示や計算処理など、最低限覚える必要のある基本文法を身につけます。Chapter 3〜Chapter 5では、ジャンケンゲームなどを題材に、より複雑なプログラムを、効率的に記述していく方法を学びます。

▶ 実用的なプログラムを作る

Chapter 6〜Chapter 9では、HTMLやCSSとJavaScriptを連動させて、ユーザーの操作に応じて処理を実行するような、より実用的なプログラムを記述していきます。Chapter 9では、これまでに学んだJavaScriptの知識を総動員して、操作することで画面の切り替わるフォトギャラリーを作成します。

▶ 一歩進んだ活用方法を覚える

Chapter 10〜Chapter 13では、さらに一歩進んだJavaScriptの活用方法として、JavaScriptをより効率的に記述できる人気のライブラリ「jQuery」と、Webサービスとの連携に欠かせない「Web API」の活用方法を学びます。Chapter 12では、動画サービスの「YouTube」を活用したビデオギャラリーを作成するほか、最終章のChapter 13では、今後の学習方法や、便利なリファレンス「MDN」の活用方法を学びます。

Chapter

2

プログラムを作りながら基礎を学ぼう

この章ではプログラムの最も基礎となるルールを中心に学んでいきます。実際にプログラムを記述し手を動かしながら学んでいきましょう。

Lesson 08 [プログラムを書く場所]

プログラムを書く場所を知っておきましょう

このレッスンのポイント

JavaScriptのプログラムを書く場所は、「HTMLファイル」と「JavaScriptファイル」、そして「コンソール」の3種類があります。最初にそれぞれの特徴を学ぶことで、目的に応じて使い分けられるようになりましょう。

プログラムを書ける場所は3種類

JavaScriptのプログラムは「HTMLファイル」「JavaScriptファイル」「コンソール」に書くことができます。「コンソール」は開発時に利用するものなので、最終的なプログラムはHTMLファイルかJavaScriptファイルのどちらかに書きます。
HTMLファイルに直接書くと、そのHTMLファイルの中でしかプログラムを利用できませんが、JavaScriptファイルに書くと複数のHTMLファイルから読み込んで利用できるようになります。そのため特に理由がなければJavaScriptファイルにプログラムを書くのがおすすめです。本書でも基本的にJavaScriptファイルにプログラムを記述していきます。

▶ 書く場所と利用範囲の関係

書く場所	説明	プログラムの利用範囲
HTMLファイル	拡張子「.html」を持つファイル	1つのHTMLファイル
JavaScriptファイル	拡張子「.js」を持つファイル	1つ以上のHTMLファイル
コンソール	ブラウザに付属する動作検証用のツール	操作中のブラウザ

プログラムとHTMLファイルを分けておけば、複数のHTMLファイルからJavaScriptのプログラムを利用できます。

HTMLファイルに書く

HTMLファイル内にJavaScriptを記述する場合は、scriptタグを使います。scriptタグはさまざまなところに書くことができますが、通常は、bodyの終了タグの直前に書きます。bodyの終了タグの直前に書くことで、HTML要素の読み込みが完了した後にJavaScriptを実行できます。

▶ HTMLファイル

```
<body>
～中略～
␣␣<script>
␣␣␣␣//␣ここにプログラムを記述する
␣␣</script>␣
</body>
</html>
```

JavaScriptファイルに書く

JavaScriptファイルに書く場合はファイルの拡張子を「.js」にし、HTML側ではscriptタグのsrc属性に読み込むJavaScriptファイルを指定します。JavaScriptファイルがフォルダの中に入っている場合は、「フォルダ名/ファイル名」形式の相対パスで指定します。HTMLに慣れている人には、HTMLでaタグを使ってリンクを張る場合と同じといえばわかりやすいでしょう。

▶ HTMLファイル(index.html)

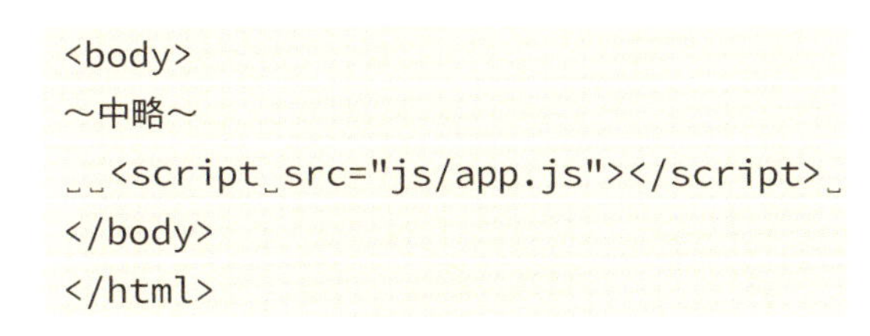

```
<body>
～中略～
␣␣<script␣src="js/app.js"></script>␣
</body>
</html>
```

▶ JavaScriptファイル(app.js)

```
// ここにプログラムを記述する
```

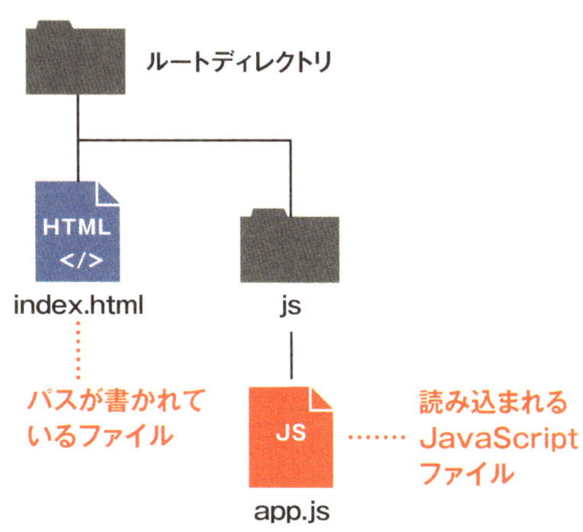

Lesson 09

[コンソールの利用]

たった一行のプログラムを書いてみましょう

このレッスンのポイント

世界で最も有名なプログラムに「Hello World」という文字列を表示するだけのプログラムがあります。これを入力しながら、JavaScriptでのプログラミングに欠かせない「コンソール」の使い方について学んでいきます。

Webページやプログラムの動作チェックに使うコンソール

Chromeなどのブラウザには「コンソール」という開発者用のツールが付属しています。現在開いているWebページや実行中のプログラムの情報が表示されるので、プログラミングだけでなくWebページの制作中にも欠かせないツールです。コンソールにプログラムを直接入力して実行することもできます。ここではコンソールからたった一行のプログラムを実行して結果を確認してみましょう。

▶ Chromeのコンソール(デベロッパーツール)

コンソールで「Hello World」を実行する

1 コンソールを表示する

Chromeを起動して右上の［⋮］をクリックし❶、［その他のツール］-［デベロッパーツール］をクリックしてコンソールを表示します❷。コンソールが表示されていない場合は［Console］タブをクリックします❸。

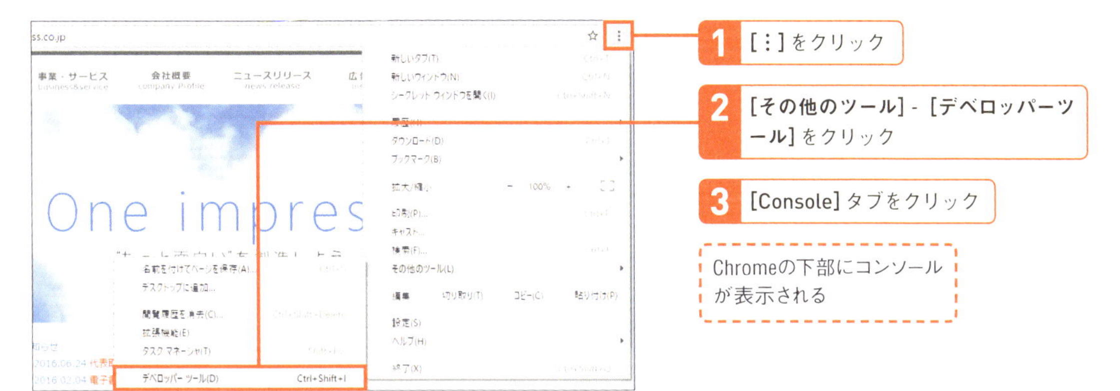

1 ［⋮］をクリック
2 ［その他のツール］-［デベロッパーツール］をクリック
3 ［Console］タブをクリック
Chromeの下部にコンソールが表示される
One impres
デベロッパーツール(D) Ctrl+Shift+I
その他のツール(L)

2 プログラムを書いて実行する

コンソールにはWebページの情報が表示されることがありますが、気にせずに「>」の後に、半角英数でプログラムを入力しましょう❶。なお、本書では「␣」が半角スペースを表しています。
Enterキーを押すとプログラムが実行され、「Hello World」という文字列が表示されます❷。プログラム中の「Hello World」を書き替えると表示される結果も変わります。最後に表示される「Undefined」は戻り値（もどりち）というものですが、いまは気にしなくてかまいません。

```
001 console.log('Hello␣World');
```

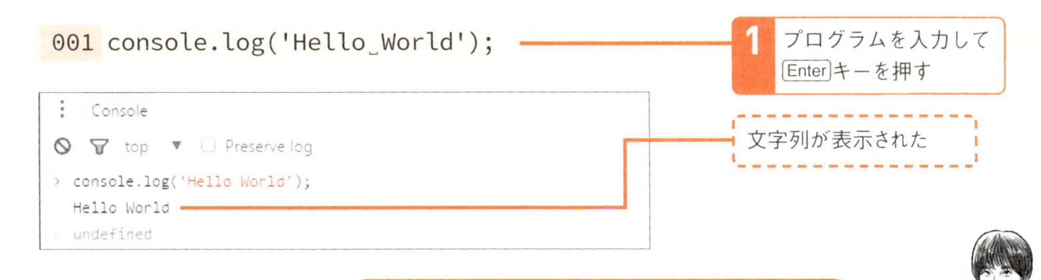

1 プログラムを入力してEnterキーを押す
文字列が表示された
Console
top
Preserve log
console.log('Hello World');
Hello World
undefined

「Hello World」は伝統的に多くの入門書で最初の例題となっており、世界中の有名なプログラマーたちもこのプログラムを書いてきました。

Lesson 10

[基本構文とエラー]

プログラムの基本的なルールを学びましょう

このレッスンのポイント

プログラミング言語には、英語や日本語と同じように「文法」があります。プログラミング言語の文法は明快な反面、小さなミスでもプログラムが動かなくなってしまいます。はじめにしっかりとJavaScriptの基本的な文法を学んでいきましょう。

プログラムは文の集まり

プログラムは、コンピュータに実行させたい処理を記述した「文」の集まりでできています。文の終わりはセミコロン「;」で表され、通常、記述されている順に1文ずつ実行されていきます。

プログラミングは、この文を組み合わせてプログラムを作り上げる作業にほかなりません。例えば、以下のプログラムは2つの文の組み合わせで「名前を聞いて挨拶する」という処理を実現しています。

▶ 名前を聞いて挨拶するプログラム

```
var name = prompt('名前を入力してください');
alert('こんにちは' + name);
```

名前を入力してもらうダイアログボックスを表示

「こんにちは」という文字と名前を連結して表示

このページの内容:
名前を入力してください
インプレス
このページでこれ以上ダイアログボックスを生成しない
OK キャンセル

↓

www.impress.co.jp の内容:
こんにちはインプレス
このページでこれ以上ダイアログボックスを生成しない
OK

どんなに複雑なプログラムも、単純な「文」に分解することができます。今後さまざまな「文」の書き方を覚えていくことで、複雑なプログラムを書くことができるようになります。

プログラムを書くときの注意点

プログラミング言語の文法は、日本語と英語に比べてとても厳密にルールが決まっています。そのため、小さなミスでもプログラムが動かなくなる「エラー」がよく起きます。ここではエラーを減らすために、JavaScriptを記述するときの基本的なルールを確認しておきましょう。

プログラムを書くときのルール

- 基本的に半角文字で書く
- アルファベットの大文字・小文字は区別する
- 文の終わりには、セミコロン「;」を付ける
- 見やすくするためにスペース、タブ文字、改行文字を使える（Lesson 17参照）

エラーが起きても慌てなくて大丈夫です。コンソールに表示された行番号やメッセージを確認して修正しましょう。

エラーになりやすいポイント

- ファイル名やプログラムのスペルミス
- 全角文字の混入（特に記号とスペースは気づきにくい）
- 「:」と「;」や「.」と「,」のような紛らわしい記号の間違い

エラーが起きても慌てずに場所を確認しよう

プログラムに不具合（バグ）があると、「エラー」が起きることがあります。
エラーが起きてもまったく落ち込む必要はありません。プログラミング言語の文法はとても厳密なので、いきなりうまく動くほうがまれなのです。
エラーが起きると、エラーが検出された行番号とその内容をコンソールで確認できるので、それをヒントにバグを修正することができます。このようなバグを修正する作業を「デバッグ」といいます。
プログラムの不具合は、エラーが検出された行か、その行までに実行されたプログラムの中に存在する場合が多いです。

エラーの情報はコンソールに表示される

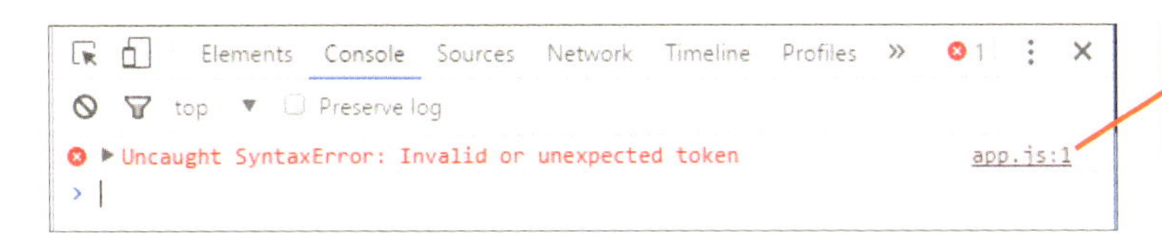

app.jsの1行目にエラーがある

Lesson 11

[関数、メソッド、データ]

命令とデータについて学びましょう

このレッスンのポイント

Lesson 9で入力してもらった1行のプログラムは、「console.log」という命令と'Hello World'というデータを組み合わせたものです。プログラムはいろいろな要素で構成されていますが、この2つが基本中の基本です。

命令とデータはプログラムの基本

Lesson 9ではコンソールに「console.log('Hello World');」というプログラムを入力してもらいました。このプログラムは「console.log」という命令と、「Hello World」というデータでできあがっています。JavaScriptでは、命令のことを「関数」または「メソッド」と呼び、( )の間にデータを指定すると、そのデータを使って仕事をしてくれます。また、この命令に渡すデータを「引数(ひきすう)」といいます。

console.logの場合は「コンソールに表示する」という命令なので、そこに「'Hello World'」というデータを渡す(カッコの間に指定する)と、それをコンソールに表示してくれるわけです。

JavaScriptから利用できる命令は、console.log以外にもたくさんあり、自分で作ることもできます。今後のレッスンで、少しずつ新しい命令を覚えていきましょう。

▶ 命令にデータを渡すと結果が出る

```
console.log('Hello World');
```

JavaScriptではオブジェクトに所属する関数をメソッドと呼びます(P.124参照)。使い方は関数もメソッドも変わらないので、今のところは名前が違うだけと思ってもかまいません。

データ型とは？

プログラムではたくさんのデータを扱うことになりますが、ひとくちにデータといっても、さまざまな種類があります。例えば「数値」のデータなら掛けたり割ったりすることができますが、「文字列」のデータだとそうはいきませんよね。プログラミングの世界では、異なるデータを正しく扱うために、いくつかの種類に分類しています。この分類を「データ型」といいます。文字列や数値もデータ型の1つです。

▶ 同じデータでも、文字列は乗算できない

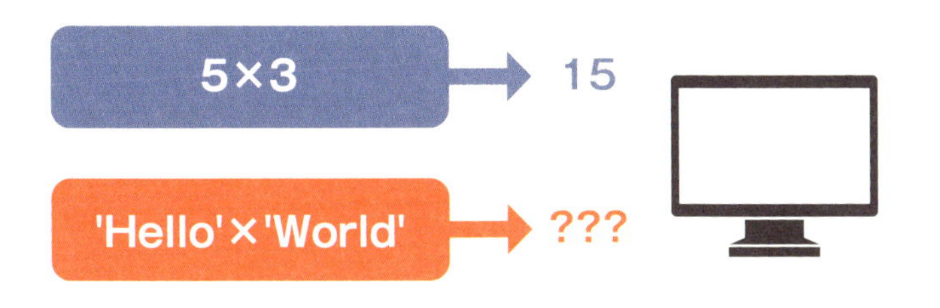

エクセルのファイルをワードで開くことはできませんよね。同じように、データはデータ型に応じて適切に扱う必要があります。

JavaScriptで扱うデータ型は7種類

JavaScriptには全部で7種類のデータ型があります（2017年2月最新版のECMAScript 6th edition）。使用頻度の高い型については、本書で解説していきます。下の表には難しい専門用語も並んでいますが、まずはいくつか分類があるのだなということだけ知っておいてもらえれば大丈夫です。

▶ JavaScriptのデータ型

データ型	意味や具体例
文字列（String）	'Hello'、"こんにちは" などの文字列
数値（Number）	100、15.23、-12.5 などの数値
真偽値（Boolean）	true、falseの2値で真と偽を表す
シンボル（Symbol）	インスタンスが固有で不変となるデータ型
null	null値を意味する特殊なキーワード
undefined	値が未定義であることを示す
オブジェクト（Object）	上記6つのいずれでもない特殊なデータ型

この2章では、最もよく使われる「文字列」と「数値」について学びましょう。

Lesson 12 [文字列]

文字列の扱い方を学びましょう

このレッスンのポイント

データ型について理解することができましたか？ 'Hello World'のような文字のみで構成されるデータを「文字列」といいます。ここからはデータ型の1つである「文字列」の記述方法や結合などの扱いについて学んでいきましょう。

文字列の表現方法

JavaScriptでは、文字だけで構成されたデータのことを「文字列」といいます。
プログラムの中で文字列を表現するには、プログラムの命令と区別するためにシングルクォーテーション「'」またはダブルクォーテーション「"」を文字列の前後に入力して、文字列全体を囲みます。「'」「"」どちらを使用しても大丈夫ですが、「'」ではじめて「"」で終わるなど、混ぜて使うことはできません。また、文字列は複数行に渡って記述することができないので注意してください。

▶文字列は'か"で囲む

```
'Hello World!';
"Hello World!";
```

▶誤った記述例

```
'Hello World!";……… 「'」と「"」が混ざっている
'Hello ……………………… 文字列の途中で改行している
World!';
```

「'」と「"」のどちらを使用しても大丈夫ですが、統一することでミスを減らせます。本書ではシングルクォーテーション「'」に統一します。

文字列を結合する

会員制のサイトでは「こんにちは ○○さん」という具合に、利用している人の名前を表示する場合がありますよね。こうした利用者ごとに応じた表示は、すべての利用者に共通の文字列と、個々の利用者ごとに準備した文字列を結合して作られています。このように、文字列のデータは結合して表示することがよくあります。文字列を結合するには、加算記号「+」で文字列同士をつなぎます。

▶ +を使って1つの文字列に結合する

```
'こんにちは' + 'JavaScriptさん';
```

JavaScript さん

こんにちは JavaScript さん

文字列　加算記号　文字列　結果

特殊文字の表現方法

改行などの特殊な文字はそのままでは文字列として表現できないため、バックスラッシュ「\」と特定の文字の組み合わせで表現する決まりになっています。例えば、改行は「\n」で表されます。このような特殊文字のことを「エスケープシーケンス」といいます。なお、Windowsでバックスラッシュを入力するには¥キーを押します。日本語フォントを使用していると、バックスラッシュが円マーク「¥」で表示される場合がありますが、問題ありません。また、Macでバックスラッシュを入力するには、option+¥キーを押します。

▶ エスケープシーケンスによる改行

```
'こんにちは\nJavaScriptさん';
```

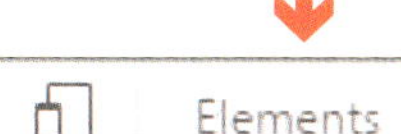


```
> 'こんにちは\nJavaScriptさん'
< "こんにちは
  JavaScriptさん"
> |
```

表示結果は\nのところで改行されている

▶ 主なエスケープシーケンス

エスケープシーケンス	意味
\n	改行する
\t	タブを入れる
\"	""で囲まれた文字列中に"を入れる
\'	''で囲まれた文字列中に'を入れる
\\	文字列中にバックスラッシュ

Lesson 13 [数値と計算]

数値の扱い方を学びましょう

このレッスンのポイント

数値もJavaScriptで扱うデータ型の1つです。数値の特徴は、演算子（えんざんし）という記号と組み合わせて四則演算などの計算ができる点で、さまざまなプログラムの基礎となります。ここで基本的な扱い方をしっかり抑えておきましょう。

数値の表現方法

数値の表現方法といっても、特に意識をする必要はありません。書いた数値がそのまま、私たちが普段使用している数値（10進法の実数）として扱われます。数値は文字列と異なり、「'」や「"」で囲う必要がありません。逆に「'」などで囲うと、文字列として扱われ、数値とは異なる性質を持ったデータになってしまいます。

▶ 数値の例

```
100;  ············整数
3.15; ············小数
-300; ············負の数
```

▶ 数値と文字列の違い

```
100;   ············数値の100
'100'; ·········文字列の100
```

同じ数字でも、数値の「100」と文字列の「'100'」には違いがあることを覚えておきましょう。

演算子を使って計算する

数値を計算するには、学校で習う算数と同じように、**数値と演算子という記号を組み合わせた式を書きます**。加算（足し算）を行うには、加算したい2つの数値の間にプラス「+」を記述します。減算（引き算）の場合もほぼ同様で、減算したい2つの数値の間にマイナス「-」を記述します。この「+」や「-」などの記号が演算子です。乗算（掛け算）はアスタリスク「*」、除算（割り算）はスラッシュ「/」、剰余（除算の余り）はパーセント「%」の演算子を用いて記述することができます。

▶ 計算式

▶ 計算に使用する演算子の種類

演算子	働き	例
+	加算	1 + 1
-	減算	3 - 1
*	乗算	3 * 2
/	除算	5 / 2
%	剰余（余り）	5 % 2

▶ 演算子を使った計算の例

```
10␣+␣5;………加算 → 結果は15
11␣-␣3;………減算 → 結果は8
11␣*␣2;………乗算 → 結果は22
9␣/␣3; ………除算 → 結果は3
10␣%␣4;………剰余 → 結果は2
```

「*」「/」「%」はちょっと見慣れない記号ですが、基本的には算数と同じです。

演算子の組み合わせと優先順位

複数の演算子を組み合わせると、「掛けてから足す」といった少し複雑な計算ができるようになります。算数と同じく、乗算・除算は加算・減算より優先されます。カッコ「( )」で囲むことで優先順位を変更して、その部分を先に計算させることができます。

▶演算子の組み合わせ

```
5 + 1 * 4;………………結果は9（1*4の後で5+4が計算される）
(5 + 1) * 4; …………結果は24（5+1の後で6*4が計算される）
```

文字列と数値の計算には気を付ける

もし数値と文字列を計算するとどうなるのでしょうか。通常、計算結果は数値ではないことを示す「NaN（Not a Numberの略）」になります。ただし、'10'などの数字として意味の通じる文字列の場合、'3'−'1'のような加算以外の式だと数値と同じように計算できてしまいます。加算の場合だけは、'3'＋'2'が'32'となるように文字列として結合されます。これは、文字列同士を加算した場合だけでなく、文字列と数値を加算した場合も同様です。

▶加算は文字列と数値で結果が異なる

```
'3' + '2'; ………… 3と2が文字列として連結されるので結果は'32'
3 + 2; ………………… 3と2という数値が加算されるので結果は5
```

▶加算以外は数値と見なして計算される

```
'3' - '1'; ………… 結果は2
'3' * '2'; ………… 結果は6
'5' / '2'; ………… 結果は2.5
'5' % '2'; ………… 結果は1
```

文字列で計算すると思わぬ結果を招くことがあるので、基本的には避けるようにしましょう。

コンソールで計算する

1 四則演算をする

覚えるだけでは面白くないので、コンソールで実際に計算をしてみましょう。コンソールを表示して、「10+5」という式を入力して[Enter]キーを押してください❶。「15」という結果が表示されます。コンソールに式を入力すれば、ブラウザを電卓の代わりに計算させることができます。

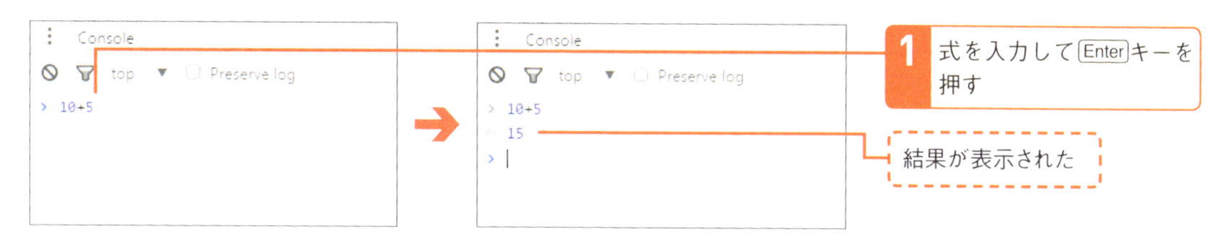

2 複数の演算子を使って計算する

「(5+1)*4」と入力して[Enter]キーを押してください❶。「24」という結果が表示されます。カッコに囲まれた5+1が先に計算されて6が求められ、次に6*4と計算されて24となります。

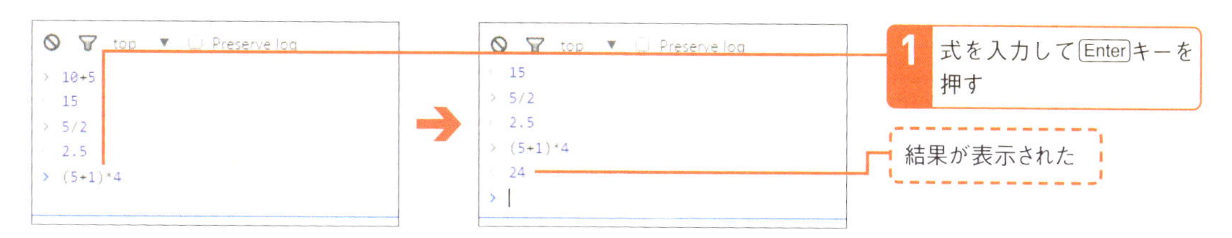

3 数値と文字を連結する

「100+'円'」と入力して[Enter]キーを押してください❶。「"100円"」という結果が表示されます。数値+文字は2つを文字列として連結するという意味になるので、結果は文字列を表す""で囲まれます。

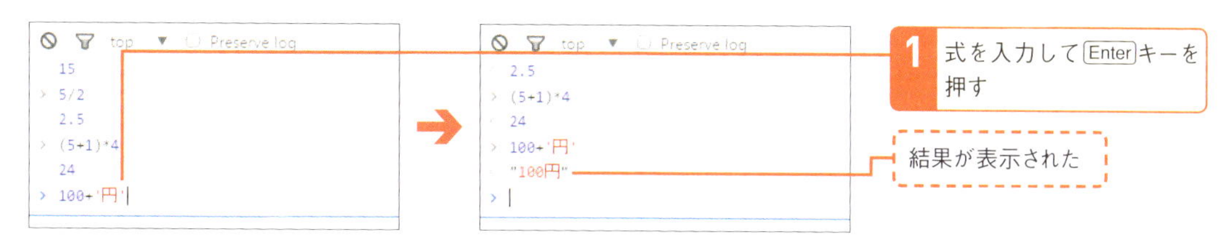

Lesson 14 [ダイアログボックスの種類]

ダイアログボックスの使い方を学びましょう

このレッスンのポイント

プログラムの書き方やデータの扱い方は理解できましたか？ここからはいよいよ利用者に操作してもらうことのできるプログラムについて考えていきます。ブラウザの「ダイアログボックス」という機能を使って、利用者とやりとりする方法を学んでいきましょう。

ダイアログボックスは利用者と対話するための機能

せっかくプログラムを書いても、プログラムの利用者とやりとりできなければ意味がありませんよね。利用者とやりとりするためには「HTMLを通じて行う」方法と「ダイアログボックスを通じて行う」方法の2種類があります。「HTMLを通じて行う」方法は、HTMLとCSSでボタンや入力画面を自由に作ることができるので非常に強力です。一方で、HTML、CSS、JavaScriptを組み合わせて考える必要があるので、JavaScriptに慣れていないうちは少し難しいでしょう。ここからしばらくは、命令1つで表示できる「ダイアログボックスを通じて行う」方法で学んでいきます。

ダイアログボックスは用途に応じて3つの種類があります。単にメッセージや情報を表示したいときは「警告ダイアログボックス」、確認をYES/NOで求めたいときは「確認ダイアログボックス」、名前などの文字列の入力を求めたいときには「入力ダイアログボックス」を用います。

▶ダイアログボックスの種類

名前	用途	利用例	戻り値
警告ダイアログボックス	情報の表示	alert('他のページに移動します');	undefined
確認ダイアログボックス	確認の表示	confirm('処理を実行しますか？');	YESのときはtrue、NOのときはfalse
入力ダイアログボックス	文字列の入力	prompt('名前を入力してください');	入力された文字列

入力ダイアログボックスを使う

1 コンソールにプログラムを入力する

今回は入力ダイアログボックスを使って、利用者に名前を教えてもらうプログラムを作ってみましょう。

コンソールを表示して、以下のプログラムを入力して[Enter]キーを押してください❶。

```
001 prompt('名前を入力してください');
```

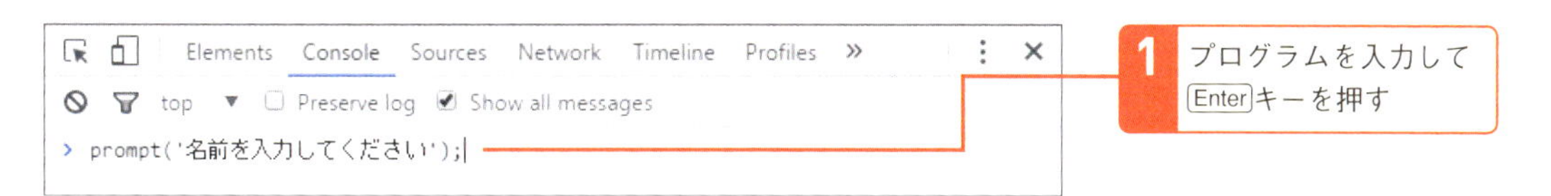

2 ダイアログボックスに名前を入力する

3 入力した名前が表示される

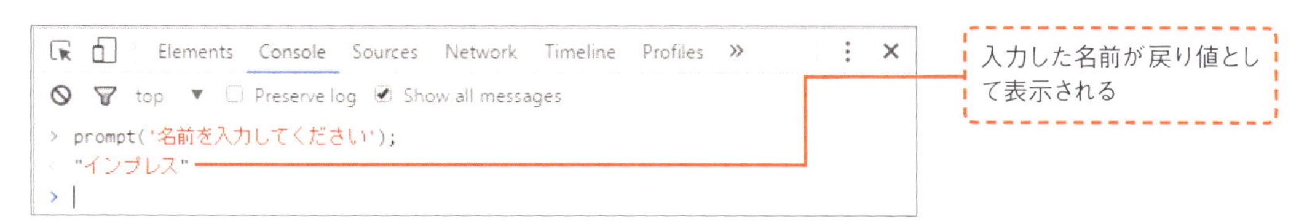

入力した値は「戻り値」として得られます。戻り値については96ページで説明しますが、関数やメソッドが返す結果のことです。

Lesson 15

[変数]

変数について学びましょう

このレッスンのポイント

演算やダイアログボックスで得られたデータも、利用できなければ意味がないですよね。「変数(へんすう)」という仕組みを使うと、データに任意の名前を付けて記憶し、利用したいときに呼び出せます。つまり、別の文で得られた結果を他の文で使えるようになります。

変数はデータの記憶場所

Lesson 10でプログラムは複数の文で構成されると説明しましたが、複数の文が連携して仕事をするためには、1つの文が得たデータを他の文に渡す必要があります。そのために利用するのが、**データを記憶する「変数」です**。

データを記憶するには、コンピュータの中にデータの記憶場所を用意して、その場所に名前を付けます。そうすることで、後から記憶場所に付けた名前を頼りに、記憶したデータを読み出して利用できるようになります。

記憶場所の値は、記憶するデータによって変化するので、記憶場所のことを「変数」といいます。また、**記憶場所に付けられた名前を「変数名」、記憶しているデータを「変数値」といいます**。

▶変数に記憶すれば、演算結果もいつでも読み出せる

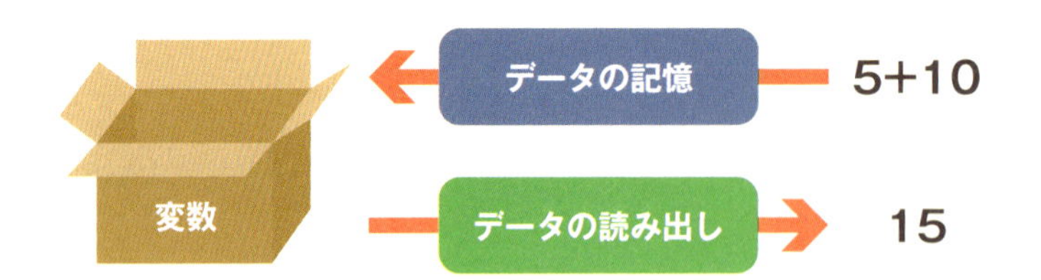

変数とは聞き慣れない言葉ですが、英語では「variable」といって「変化するもの」という意味があります。「中身が変わるので変数」と覚えると理解しやすいでしょう。

名前を付けて変数を用意する

変数を使用するには、まず「var 変数名;」という形式で使用する変数を宣言（用意）します。
変数名は、英数字、アンダースコア、ドル記号を組み合わせて自由に決めることができます。ただし、「予約語」と呼ばれるJavaScriptが使用する特殊な名前は使えないなど、いくつか制限があります。

▶ 変数はvarキーワードで宣言(用意)する

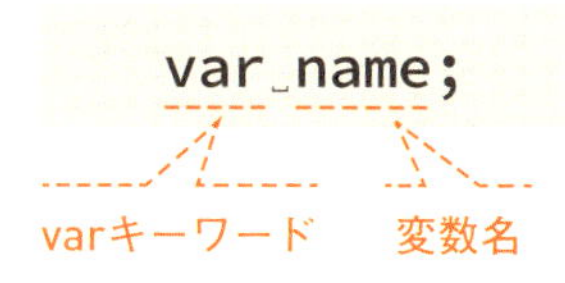

変数名は、記憶する変数値を予想できる名前にしましょう

▶ 変数の命名ルール

- 英数字、アンダースコア、ドル記号を組み合わせる
- 1文字目は数字以外を使用する
- 「var」や「if」などの予約語と同じ名前にはできない
- 大文字と小文字を区別するので、同じスペルでも大文字小文字が異なれば別の変数になる

変数にデータを記憶する

宣言した変数にデータを記憶するには代入演算子「=」を使って値を指定します。
学校で学んできた「=」は左辺と右辺が等価であることを示しますが、プログラミングの世界では「左辺の変数に右辺の値を記憶する」ことを意味していて、この操作のことを「代入する」といいます。
変数に記憶された変数値を利用したい場合は、数値などの代わりに変数名を書くだけです。
値の代入と変数の宣言をまとめて「var time = 60;」のように書くこともできます。

▶ 変数の宣言と利用

```
var␣name; ························ 変数宣言
name␣=␣'Taro'; ·················· nameに'Taro'を代入
console.log(name);········· nameをconsole.logで表示
```

▶ 宣言と代入を同時にする例

```
var␣time␣=␣60; ················ 変数timeを宣言し、数値の60を代入
time␣=␣time␣*␣60; ········· 変数timeに「time␣*␣60」の演算結果を代入
console.log(time);········· 3600
```

変数を利用した挨拶プログラムを実行する

1 入力するプログラムを確認する

これまでの復習として、利用者に名前をたずねて挨拶をするプログラムを実行してみましょう。今回もコンソールを表示し、次の3つの文を順番に入力していきます。

```
001 var␣message␣=␣'こんにちは';
002 var␣name␣=␣prompt('名前を入力してください');
003 alert(message␣+␣name);
```

2 変数に文字列を代入する

1文目の「var message = 'こんにちは';」をコンソールに入力して、Enterキーを押します❶。この段階では「undefined」と表示されるだけで何も起きませんが、messageという変数に'こんにちは'が記録されています。ここで変数に記録したデータは、Webページを再読み込み（リロード）するまで残ります。

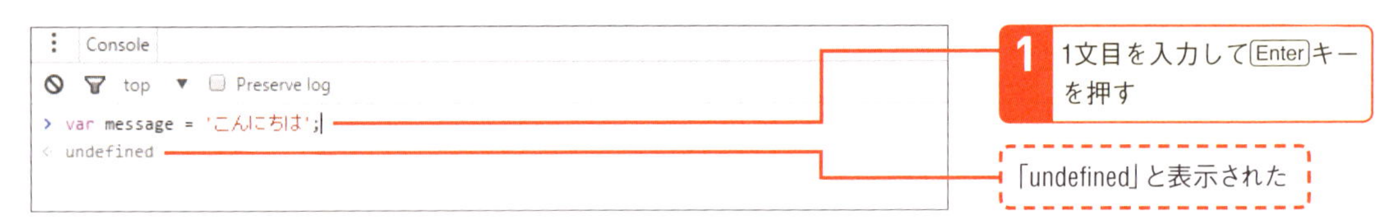

Point 半角スペースの挿入場所

プログラム中の半角スペースには、絶対に入れないといけないものと、見やすくするためだけのものがあります。
上の例で必須なのは「var」と「message」の間のスペースです。これを取ってしまうと「varmessage」という一単語になってしまいます。このようなキーワードと名前を区切る部分ではスペースは必須です。一方「=」の前後は、演算子が区切りを示しているので、入れても入れなくてもかまいません。

3 入力ダイアログボックスを表示する

2文目の「var name = prompt('名前を入力してください');」を入力して、Enterキーを押します❶。Webページ上に入力ダイアログボックスが表示されるので、名前を入力して［OK］をクリックします❷。

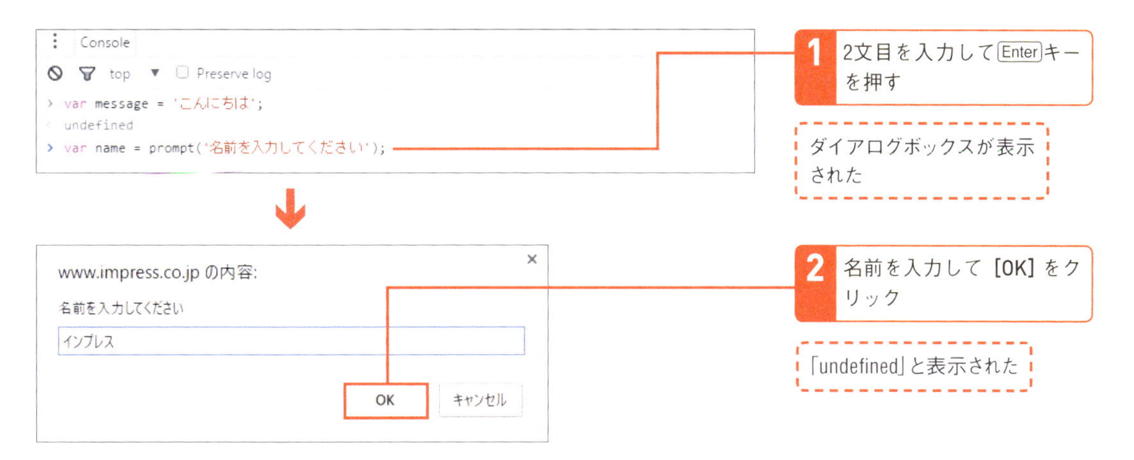

4 警告ダイアログボックスを表示する

3文目の「alert(message + name);」を入力して、Enterキーを押します❶。変数messageとnameを連結した文字列が警告ダイアログボックスに表示されます❷。

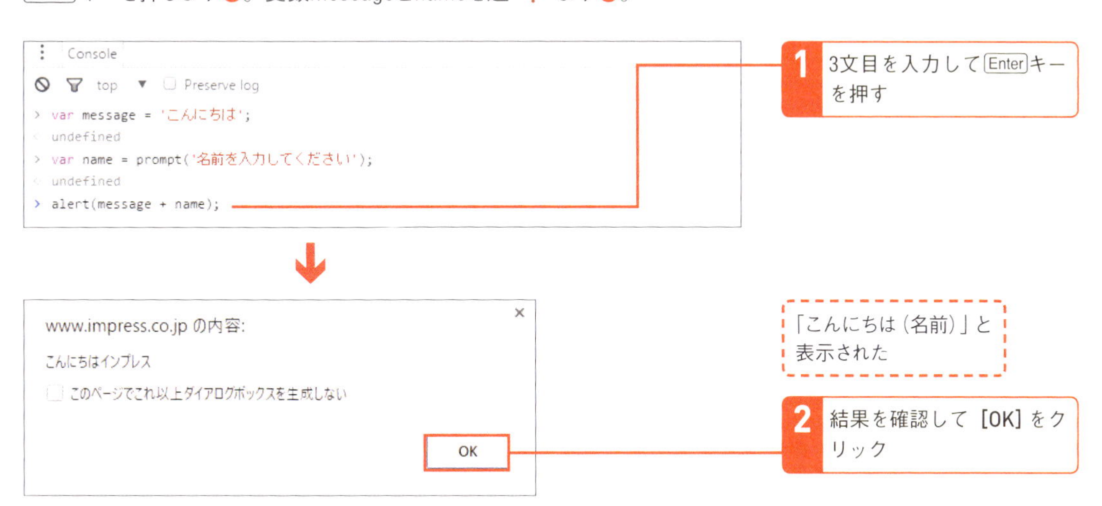

Lesson 16

[JavaScriptファイルの作成]

BMI計算プログラムを作成しましょう

このレッスンのポイント

このレッスンでは、この章の集大成として「BMI計算プログラム」を作成しましょう。BMIとは、体重と身長の関係から肥満度を示す体格指数のことです。今回はBracketsを使って、プログラムをJavaScriptファイルとして作成します。

命令したい内容を考える

まずは作成するBMI計算機の仕組みを考えていきましょう。BMIの値は「BMI＝体重（kg）÷｛身長（m）X 身長（m）｝」で求められます。これを元に、プログラムに必要な処理を考えていきます。

最初に入力データとして、計算に必要な体重や身長の値を取得する必要あります。次に、入力された値を元にBMIを求める数値の演算処理が必要になります。最後に出力として、BMIの計算結果を利用者に伝える必要があります。この仕組みを図にすると、以下のようになります。

▶ プログラムの流れと完成イメージ

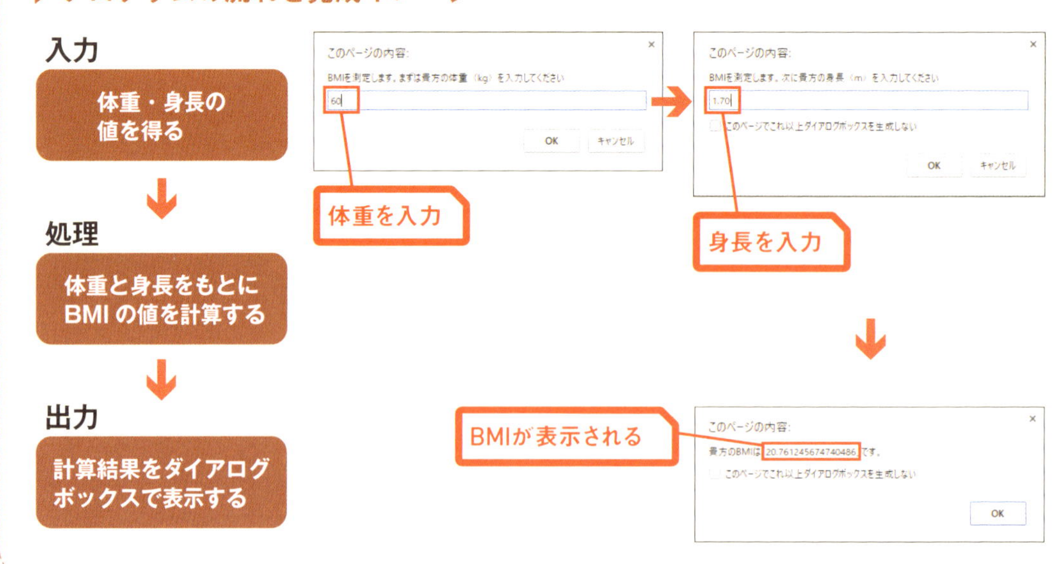

プログラムを書く準備をする

1 HTMLファイルをブラウザで開く 02/bmi/practice/index.html

Lesson 8で解説したように、JavaScriptのプログラムはHTMLに読み込まれて動作します。そこで先にHTMLをブラウザに読み込んでおきましょう。HTMLファイルのindex.htmlをサンプルファイルとして用意しているので、それをChromeのウィンドウ内にドラッグ&ドロップして開きます❶❷。

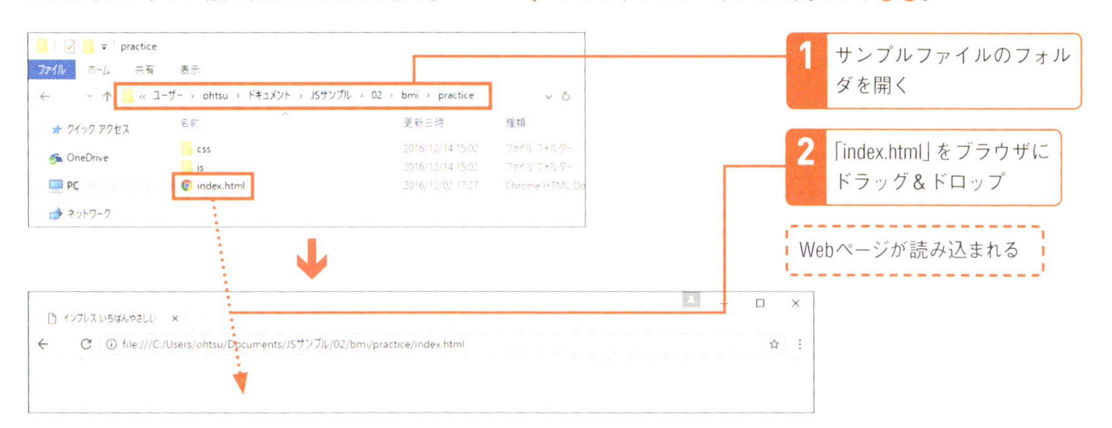

2 JavaScriptファイルを開く 02/bmi/practice/app.js

空のJavaScriptファイルは、すでに[js]フォルダ内に「app.js」という名前で保存されています。これをBracketsで開いて編集します。[ファイル]メニューの[開く]をクリックし❶、ファイルを選択してください❷❸。

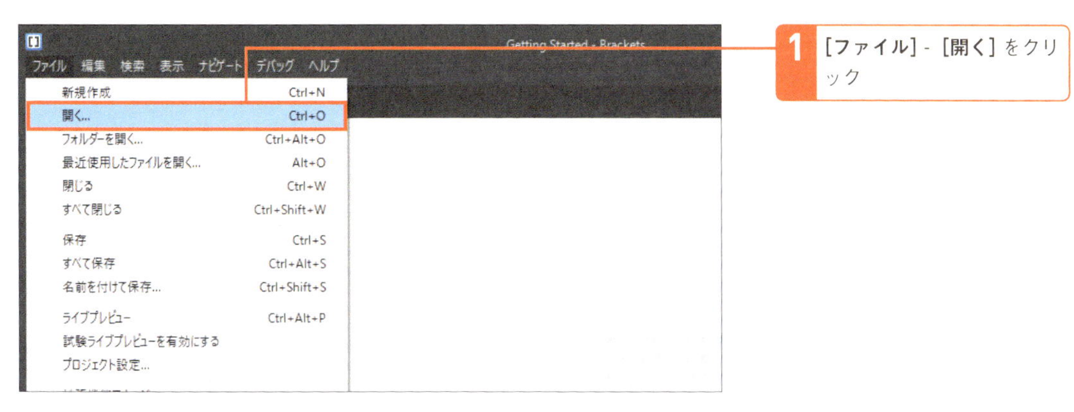

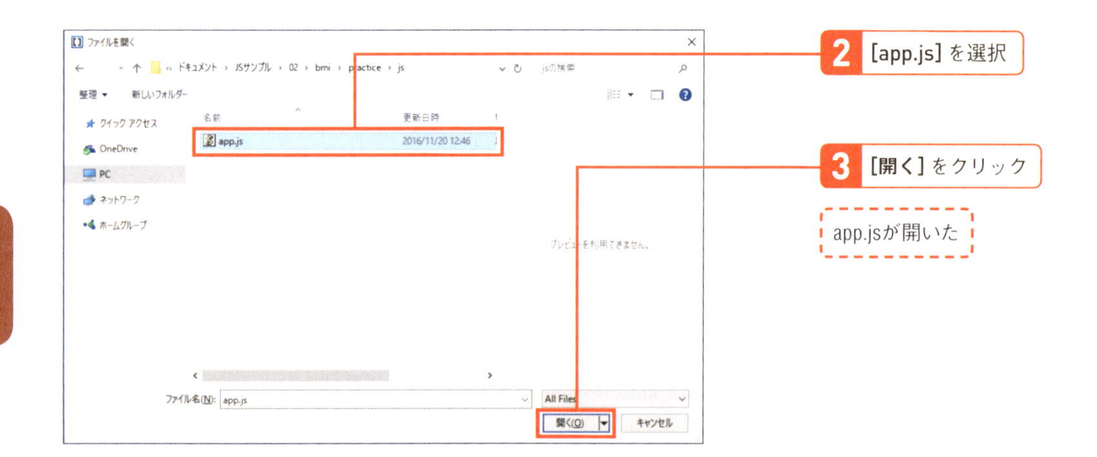

Point ファイルの位置関係は変えてはいけない

サンプルファイルの［practice］フォルダ自体は移動してもかまいませんが、index.htmlや［js］フォルダ、［css］フォルダは同じフォルダ内に入れておきましょう。ファイルの位置関係が変わってしまうと読み込めなくなってしまいます。

BMI計算プログラムを記述する

1 体重のデータを得る 02/bmi/practice/js/app.js

開いたapp.jsにプログラムを入力していきましょう。まずはBMIの計算に必要な体重のデータを得るための処理を記述していきます。

変数weightを宣言し❶、入力ダイアログボックスを表示して体重のデータを入力してもらったら、その戻り値をweightに代入して記憶します。これで、体重のデータが得られます❷。

```
001 //␣体重の数値を得る
002 var␣weight;
003 weight␣=␣prompt('BMIを測定します。まずはあなたの体重（kg）を入力してください');
```

1 変数を宣言
2 体重を得る

2 身長のデータを得る

同じように変数heightを宣言し❶、入力ダイアログに身長のデータを入力してもらい、その戻り値をheightに代入して記憶します❷。これで、身長のデータが得られます。

```
001 //␣体重の数値を得る
002 var␣weight;
003 weight␣=␣prompt('BMIを測定します。まずはあなたの体重（kg）を入力してください');
004 //␣身長の数値を得る
005 var␣height;
006 height␣=␣prompt('BMIを測定します。次にあなたの身長（m）を入力してください');
```

1 変数を宣言

2 身長を得る

変数名の「weight」は「体重」、「height」は「身長」という意味の英単語です。

3 体重と身長からBMIを計算する

BMIは、体重を身長の二乗で割ったものです。heightとheightを掛けて二乗を求め、その結果でweightを割る式を記述し、変数bmiに代入します❶。

```
001 //␣体重の数値を得る
002 var␣weight;
003 weight␣=␣prompt('BMIを測定します。まずはあなたの体重（kg）を入力してください');
004 //␣身長の数値を得る
005 var␣height;
006 height␣=␣prompt('BMIを測定します。次にあなたの身長（m）を入力してください');
007 //␣体重と身長からBMIを計算して、警告ダイアログに表示する
008 var␣bmi␣=␣weight␣/␣(height␣*␣height);
```

1 BMIを求める

ワンポイント コメント文は無視される

プログラム中の「//」（スラッシュ2つ）という記号はコメント文の指定です。//から改行までの範囲のテキストは無視され、プログラムの動作に影響を与えません。コメント文はプログラムに注釈やメモを書き込むために使います（Lesson 17参照）。

なお、複数行をコメント文に指定したい場合は「/*」と「*/」で囲んで表現します。

4 警告ダイアログに表示する

変数messageを宣言して、最終的に出力する文字列データを代入します❶。messageを警告ダイアログに出力することで、利用者にBMIの結果を表示します❷。これでプログラムは完成したので、[ファイル] - [保存] をクリックして上書き保存します。

```
001 //␣体重の数値を得る
002 var␣weight;
003 weight␣=␣prompt('BMIを測定します。まずはあなたの体重（kg）を入力してください');
004 //␣身長の数値を得る
005 var␣height;
006 height␣=␣prompt('BMIを測定します。次にあなたの身長（m）を入力してください');
007 //␣体重と身長からBMIを計算して、警告ダイアログに表示する
008 var␣bmi␣=␣weight␣/␣(height␣*␣height);
009 var␣message␣=␣'あなたのBMIは「'␣+␣bmi␣+␣'」です。';
010 alert(message);
```

❶ 文字列を作成
❷ 結果を表示

ワンポイント 「JSLint」でプログラムの問題をチェックする

Bracketsにはプログラムのエラーや書き方を自動でチェックしてくれる「JSLint」という機能が備わっています。

「JSLint」が有効になっていると、ファイルの保存時にプログラムを自動でチェックし、問題箇所が見つかったときは、その内容と行番号を表示してくれます。

「JSLint」はとても便利な機能ですが、上級者向けの非常に厳格なチェックを行うため、一般的には問題ないとされる書き方でも警告が表示されることがあります。JSLintに指摘されてもあまり気にしすぎず、コンソールでエラーチェックするといいでしょう。

JSLintの有効／無効を切り替えるには、[表示] メニューの [保存時にファイルをLintチェック] をクリックします。

サンプルプログラムを入力すると表示されるJSLintの指摘

```
2 個の JSLint の問題
3   'prompt' was used before it was defined.   weight = prompt('BMIを測定します。まずは貴方の体重 (kg) を入力して下さい');
10  'alert' was used before it was defined.    alert(message);
```

5 結果を確認する

Chromeで表示していたWebページをリロードしてください。index.htmlとapp.jsが再読み込みされます。するとapp.jsのプログラムが実行され、ダイアログボックスが表示されます。意図通りに動作するか試してみましょう❶～❺。

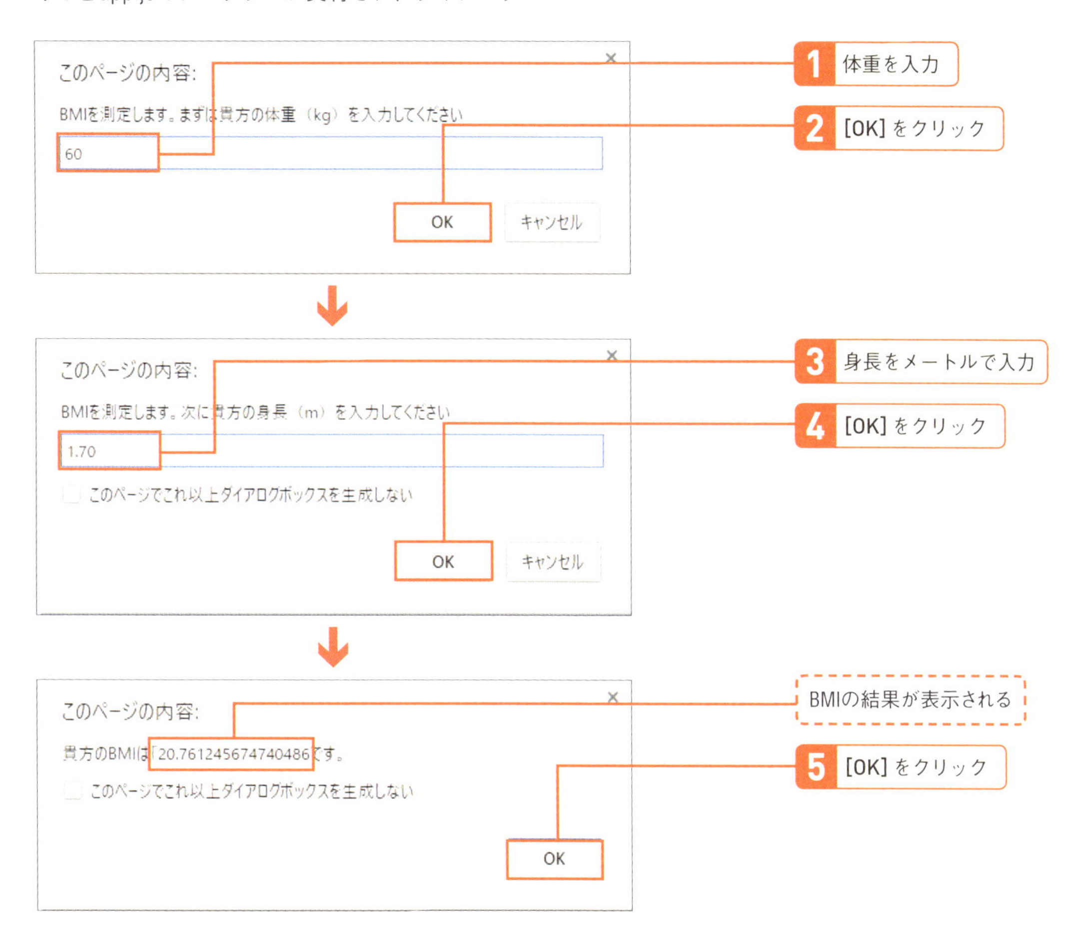

うまくいかなかった人は、Chromeのコンソールにエラーメッセージが表示されていないか確認してください。おそらく間違いがある行が指摘されているはずです（P.43参照）。

Lesson 17 [コードの書き方]

読みやすいコードを書きましょう

このレッスンのポイント

プログラムのコードが読みやすければ、内容を素早く正確に理解できるので、修正もしやすくなって、不具合の起きにくいプログラムを書くことができます。このレッスンでは、読みやすいコードを書くための基本を学びましょう。

コメントを付けて理解しやすくしよう

プログラムはコンピュータの言葉なので、人にとって読みやすいコードを意識して書かないと、自分で書いたコードでさえ、何のために記述したプログラムなのか忘れてしまうことがあります。そのため、読みやすさを意識してコードを記述することが重要になってきます。最も手軽にできることとしては、プログラム中に「コメント」を記述することです。JavaScriptでは、プログラム中に「//」と記述すると、その行の行末までが、プログラムとして実行されない「コメント」になり、自由にメモを残すことができます。また、複数行のコメントを残したいときは「`/*`」から「`*/`」で囲んだ範囲がコメントになります。人間の言葉である「コメント」は読みやすいだけでなく、プログラムを読むだけではわからない「仕様」なども残すことができます。

▶コメントなし

```
var a = b / (c * c);
```

▶コメントあり

```
// BMIの計算
var a = b / (c * c);
```

計算の内容をコメントで説明

自分で書いたプログラムでも後から読むとわからないことがよくあります。面倒でもなるべくコメントを書くようにしましょう。

わかりやすい名前を付けよう

コメントを用いなくても、読みやすいコードにすることができます。例えば「変数名」に意味のある言葉を使えば、その変数名から何をしているのか想像することができます。前ページで紹介した「BMIの計算」のコードの変数名を意味のあるものに変更してみました。意味を理解しづらかった「a」「b」「c」の変数も、BMIを「重さ:weight」と「高さ:height」を元に計算しているのだ……という具合に理解することができるようになったのではないでしょうか。

▶ 変数名を記憶するデータに合わせてわかりやすくする

```
// BMIの計算
var a = b / (c * c);
```

→

```
// BMIの計算
var bmi = weight / (height * height);
```

インデント、スペース、改行の工夫で読みやすくしよう

コメント、変数名以外で重要なのが「インデント」「スペース」「改行」の工夫です。インデントは行頭の余白部分のことで、階層でインデントをそろえることで、コードが読みやすくなります。例えば、以下のコードでは「{」から「}」の間が同じ階層として順に実行されるのですが、無秩序な状態では、秩序のある状態に比べてインデントがずれているので、読みにくいですよね。またスペースも、無秩序な状態では間が空きすぎていたり、縦に見たときに「=」がそろっていなかったりすると、なんとなく理解しにくいものです。本書では、Googleが定めたコーディング規約に沿ってインデントは2文字、値と演算子の間には半角スペースを1つ入れています。また「=」の位置をそろえるなど、こうすると読みやすいな……と思う部分は工夫して記述するようにしています。

▶ 無秩序な状態

```
function greet()
  {
   var message= 'こんにちは'; 
  var name = 'タロウ';
  
alert(message  +name) ;
}
```

→

▶ 秩序のある状態

```
function greet() {
  var message = 'こんにちは';
  var name    = 'タロウ';
  alert(message + name);
}
```

行頭の位置（インデント）で階層がわかる

スペースや改行の入れ方が整っている

ワンポイント 文法とコーディング規約の違い

「読みやすさ」を目的に作られたコーディング（プログラムを書くこと）のルールを「コーディング規約」といいます。プログラムの動作上、必ず守らなければいけない「文法」とは異なり、コーディング規約は守らなくてもプログラムは動作します。本書ではLesson 17で紹介したコーディング規約に沿ってプログラムを書いていきますが、それは絶対ではありません。一緒に開発する人たちとコーディング規約をそろえたり、自分流のルールを決めても問題ありません。

なお、「コメントを書くと、文字数が増えて動作が遅くなる」といった意見もあります。しかし、JavaScriptの世界では、Webに公開する直前に文法上不要な記述（コメント、インデントなど）を削除してファイルを小さくする「minify」という処理をするツールもあるので、さほど心配する必要はありません。基本はやはり読みやすさを意識してコーディングするべきでしょう。

ワンポイント 「バグ」のない実用的なプログラムを作るために

実は、先ほど作成したBMI計算プログラムにはいわゆる「バグ」が存在します。例えば、入力を求める場面で数値以外の文字列を入力したり、何も入力せずに閉じてしまうと、プログラムはBMIをうまく計算することができません。その場合、「NaN（Not a Number）」という、プログラマーでなければ意味がわからないメッセージが表示されてしまいます。

不適切な入力の場合には再入力を求めたり、そもそも、不適切な値を入力できないように工夫すると、バグのない、より実用的なプログラムになるといえるでしょう。

▶ BMI計算機で入力値を省略した場合

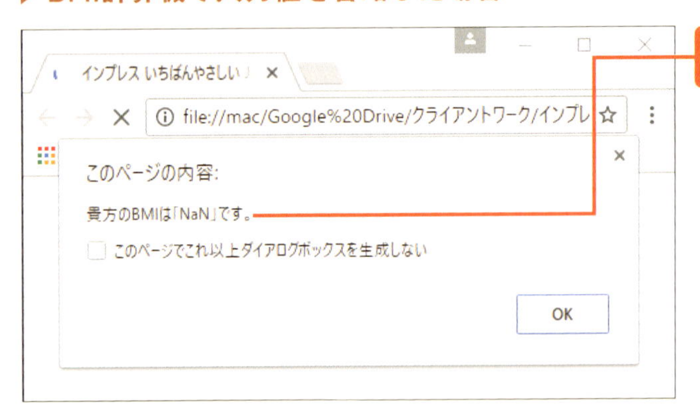

「NaN」が表示される

実用的なプログラムにするためには、さまざまな利用ケースを想定して、バグのないプログラムを記述する必要があります。

Chapter

3

条件分岐について学ぼう

この章では条件分岐について学んでいきます。条件分岐をマスターすれば、状況によって結果が切り替わるプログラムを作れるようになります。

Lesson 18

[条件文の概要]

条件分岐とは何かを知りましょう

このレッスンのポイント

条件分岐とは、条件に応じてプログラムの流れを切り替える仕組みのことです。条件分岐を理解することで、プログラムで実現できることがぐっと広がります。まずは、身近な例で条件分岐とは何かを理解しましょう。

身近な条件分岐

条件分岐とは、条件に応じて実行するプログラムを切り替える仕組みです。言葉だけ聞くと難しく聞こえますが、私たちの普段の生活にも条件分岐はあふれています。

例えば、レストランで1500円のピザを注文したいと思ったとき、もし所持金が1500円以上あれば、無事にピザを注文することができますが、1500円未満しか持っていない場合には、注文を諦めることになります。このような日常の意思決定でも「所持金が1500円以上か?」という条件に応じた分岐が起きているといえます。

プログラムで作られるシステムは条件分岐の塊といっても過言ではありません。例えば、自動販売機で「お金が投入されたら、購入可能な商品のボタンを光らせる」とか、スマートフォンで「電池が残り10%を切ったらアラートを表示する」という具合に、条件分岐はあらゆるところに存在しています。

▶ ピザを注文するまでの条件分岐

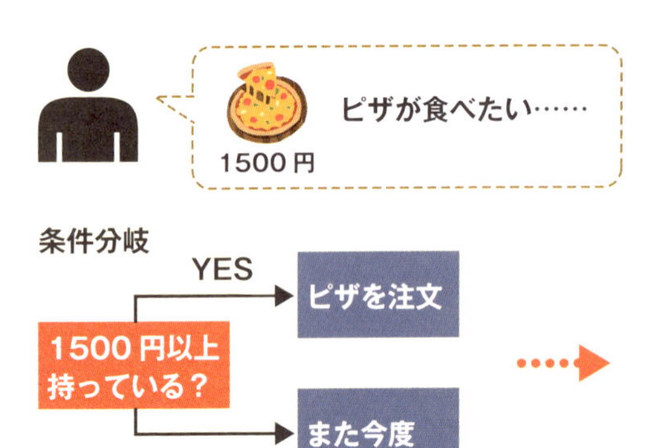

プログラム

```
var budget = 1500;
if (budget >= 1500) {
  ピザの注文処理
}
```

さまざまな条件をプログラムで表現する

条件分岐の文はいくつか種類があるのですが、基本はYESとNOの2つに分岐するものです。それを組み合わせて、複雑な判断をするプログラムを作っていきます。
一般的なプログラムでは、意図通りの結果が出るように、「何を条件にして」「どう分岐を組み合わせるか」を考えるのはプログラムを作るプログラマーの仕事です。
この章ではまず、ピザの注文という身近な題材を例にして条件文の基本を学びます。その後、それまでに学んだ内容を応用して「ジャンケンゲーム」を作ります。さっそく次のレッスンから、基本的な条件文の書き方について学んでいきましょう。

▶ 条件分岐のパターン

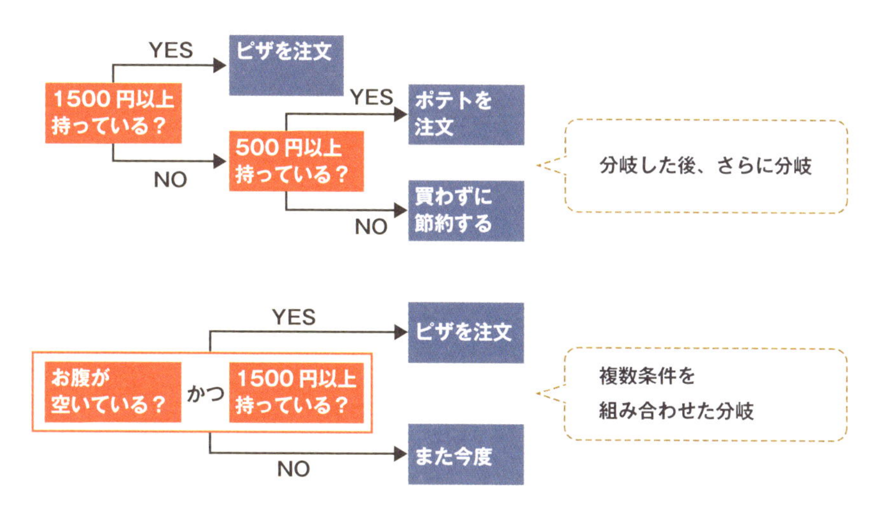

▶ ジャンケンの勝ち負けはどう判定する？

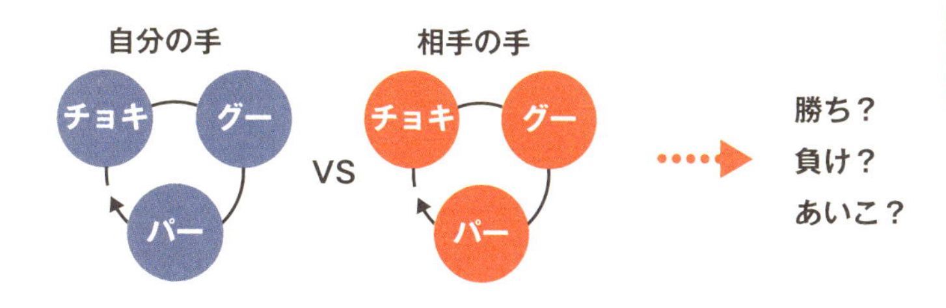

ジャンケンの勝ち負け判定は意外と複雑です。この章を読み終えるまでに、どう条件分岐を組み合わせれば判定できるか考えてみましょう。

Lesson 19

[if文の基本的な構造]

if文で条件分岐を書きましょう

このレッスンのポイント

if文は「もし〜ならば〜する」という形式で条件分岐を書くことができる最も基本的な条件文です。( )の間に書く条件式と、{ }の間に書く条件式が満たされたときに実行する処理で構成されています。ここではその考え方を学びましょう。

if文は条件文の基本

if文は「もし〜ならば〜する」という形式で条件分岐を書くことができる最も基本的な条件文です。if文の基本構文は下の図の通りです。

if文の波カッコ「{ }」で囲まれた部分は「ブロック」と呼ばれるもので、本来1文しか記述できないところに、文をまとめて記述するための記号です。この{}内であれば、条件式が満たされたときに行いたい文をいくつでも書くことができます。

ちなみに、ブロックを使わずに「if( )」の直後に文を書くこともできますが、その場合は直後の1文目だけが条件式を満たしたときに実行される処理となります。この形だと実行される範囲がわかりにくくなるため、実行したい文が1つしかなくてもブロックを書くことをおすすめします。

▶ if文の構文

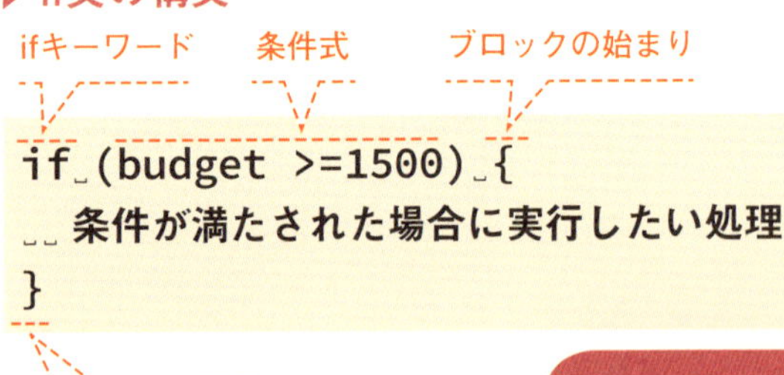

条件式
YES
ブロック{}内の処理に進む
NO
if 文のブロックの次行へ……

ブロック「{}」は複数の文をまとめるものなので、文末の最後の「;」は必要ありません。

▶ ブロックを使わない場合

```
if␣(条件式)␣処理;
```

……ブロック「{}」を使わない場合は、処理を1行分しか書けません

条件式を書いて分岐の条件を指定する

if文の「〜ならば」という条件を表す部分をプログラミングの用語で「条件式」といいます。Chapter 2で説明した計算の式と同じように、変数や数値と「>」や「>=」などの演算子を組み合わせて書きます。
例えば「所持金が1500円以上ならば」という条件式を書く場合、所持金がbudget（英語で予算という意味）という変数に記録されているとすれば「budget >= 1500」と書くことができます。
下の例文は、変数budgetの中身が1500以上なら「ピザを注文します」と表示する条件式です。1500未満なら何も起こりませんが、ここでは1行目で2000を代入しているのでメッセージが表示されます。

▶ 変数budgetが1500以上という条件式

```
var budget = 2000;
if (budget >= 1500) {
  alert('ピザを注文します');
}
```

…… budgetは2000で、1500以上なのでこの行は実行されます

条件式の結果は「true」か「false」になる

条件式も式の一種ですから、計算式と同じように結果を出します。
プログラミングの用語で条件式が満たされていることを「真」といい、その場合、条件式の結果は真偽値のtrueになります。逆に、条件式が満たされていないことを「偽」といい、結果はfalseになります。

▶ 条件式と結果

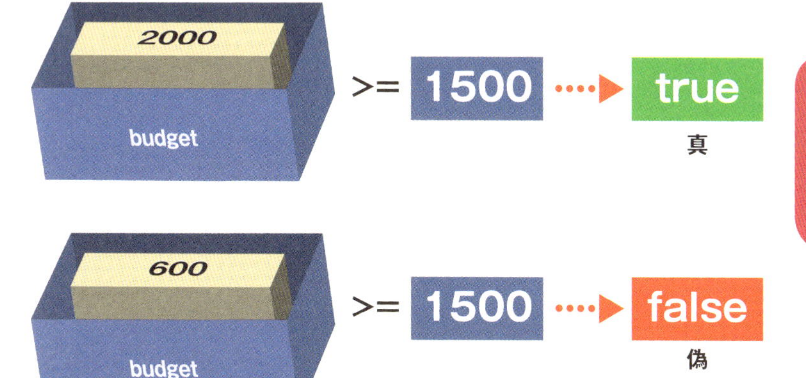

trueかfalseで判定できるものはすべて条件式として用いることができます。例えば、trueかfalseを返す関数なども、if文の( )内で使えます。

Lesson 20

[条件式と比較演算子]

さまざまな条件式を書きましょう

このレッスンのポイント

if文で「もし～ならば～する」という条件分岐が書けることは理解できましたか？ このレッスンでは「～ならば」という条件を具体的に指定する「条件式」の書き方を詳しく学んで、if文でさまざまな条件を書けるようになりましょう。

条件式の基本は、左辺と右辺の比較

ピザを注文する例では「所持金が1500円以上か？」というのが条件でした。これを条件式で表すと「budget >= 1500」となります。数学の不等号記号のような「>=」で、左辺の「budget」と右辺の「1500」の値を比較しています。これが条件式の一般的な形です。左辺と右辺の値を比較している記号「>=」を**比較演算子**といいます。「>=」は、「左辺が右辺以上」であることを示す比較演算子ですが、その他にもいくつか種類があります。

▶ 条件式と比較演算子

```
if( budget >= 1500 )  {……}
```

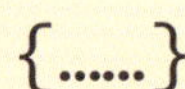

左辺　比較演算子　右辺

比較演算子	意味
>	左辺が大きい
>=	左辺が右辺以上
<	左辺が小さい
<=	左辺が右辺以下
==	等しい
!==	等しくない

演算子によって条件式の意味が変わる

値を比較するときは、左辺に変数などの「内容がわからないもの」を書くのが一般的です。

比較演算子の働きを確認する

比較演算子の大なり小なりの記号は数学で習うのと同様「>」と「<」ですが、等しいことを条件にするときは「==」や「===」を使い、等しくないことを条件にするときは「!==」「!===」を使います。数値と変数だけでなく、文字列なども比較できます。

▶ 比較演算子一覧

演算子	働き	例
===	厳密に等しい	a === 1
==	等しい	a == 1
!==	厳密に等しくない	a !== 2
!=	等しくない	a != 2
>	～より大きい	a > 1
>=	～以上	a >= 1
<	～より小さい	a < 2
<=	～以下	a <= 2

厳密な比較「===」と厳密でない比較「==」

比較演算子には、「厳密に等しい」と「等しい」、「厳密に等しくない」と「等しくない」のそれぞれ2種類があります。コンピュータを動かすプログラムなのに「厳密でない」ものがあるのはちょっと不思議ですね。この2種類の違いは、**厳密なものはデータ型も比較し、厳密でないものは可能ならデータ型を変換して比較する**という点です。

例えば、数値の1と文字列の'1'を比較した場合、厳密に比較する「===」だと結果はfalseになりますが、厳密でない比較の「==」は文字列を数値に変換して比較し、結果はtrueになります。

▶ 2種類の比較の違い

異なると判定

1 === '1' ････▶ false

数値　文字

数値に変換して比較する　等しいと判定

1 == '1' ････▶ 1 == 1 ････▶ true

数値　文字　数値　数値

厳密でない比較「==」や「!=」は意図しない結果を招くことも多いので、特別な理由がなければ、厳密な比較「===」や「!==」を使用しましょう。

所持金に応じて注文結果を分岐させてみる

1 所持金を決める 03/pizza/practice/js/app.js

いままでに学んだ知識を使って「もし、所持金が1500円以上だったら、'ピザを注文しました'と表示する」プログラムを書いてみましょう。

このレッスン用のapp.jsファイルをBracketsで開いて、以下のプログラムを記述しましょう。

promptメソッドで所持金を入力する入力ダイアログボックスを表示し❶、parseFloat関数で数値に変換します❷。

```
001 var␣budget␣=␣prompt('所持金を数字で入力してください');
002 budget␣=␣parseFloat(budget);
```

1 promptメソッドを記述

2 parseFloat関数を記述

Point データ型の変換が必要な理由

入力ダイアログボックスで受け取ったデータはすべて文字列のデータ型になるため、そのまま計算に使うと正しい結果が得られないことがあります。こうしたときに便利なのがデータ型を変換する関数です。parseFloat関数を使うと、数値を表す文字列データを数値データに変換してくれます。下の例は「年齢をたずねて4年後に何歳になるか伝える」プログラムですが、自動変換しない場合は文字列として連結されてしまいます。

```
parseFloat('100');
```

'100'：数値を表す文字列データ

▶ データ型を変換しない場合

```
var␣a␣=␣prompt('あなたの年齢を教えてください'); ………… 18と入力
console.log('4年後は'␣+␣(␣a␣+␣4␣)␣+␣'歳ですね！'); ………… 184と表示される
```

▶ データ型を変換した場合

```
var␣a␣=␣prompt('あなたの年齢を教えてください'); ………… 18と入力
a␣=␣parseFloat(a); ………… 文字列→数値に変換
console.log('4年後は'␣+␣(␣a␣+␣4␣)␣+␣'歳ですね！'); ………… 22と表示される
```

2 所持金で条件分岐する

if文で「所持金が1500円以上」かをチェックし❷、1500円以上ならalertメソッドで'ピザを注文しました'と表示します。入力が終わったらファイルを上書き保存します。

```
001 var budget = prompt('所持金を数字で入力してください');
002 budget = parseFloat(budget);
003 if (budget >= 1500) {
004   alert('ピザを注文しました');
005 }
```

❶ if文を記述

❷ alertメソッドを記述

3 プログラムが完成した 03/pizza/practice/index.html

このレッスン用のindex.htmlをブラウザにドラッグ&ドロップしてください。プログラムにミスがなければ、所持金を入力するダイアログボックスが表示されます❶。ダイアログボックスに1500以上の数値を入力すると「ピザを注文しました」と表示されます❷。

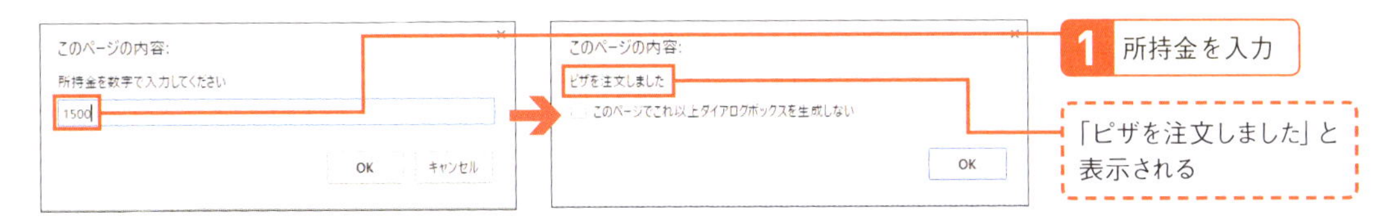

ワンポイント 整数に変換するparseInt関数

数値に変換する関数には、parseFloatの他にparseIntがあります。parseFloatとの違いは小数点以下を切り捨てて整数にすることです。parseFloat('1.5')の結果は数値の1.5ですが、parseInt('1.5')の結果は1になります。parseInt関数はLesson 24のジャンケンゲームのサンプルで使用しています。

Lesson 21

［else文、複数条件の組み合わせ］

if文の応用的な書き方を学びましょう

if文には複雑な条件を便利に記述するためのバリエーションが存在します。「if~else文」「if~else if文」「if文の組み合わせ」などを学ぶことで、より複雑な条件をスッキリとプログラムできるようになりましょう。

条件を満たさないときの処理を書く（if~else文）

ピザの例では「もし所持金が1500円以上ならば」という条件に合う場合の処理を記述しましたが、条件に合わない場合の処理も記述したいですよね。if~else文を使うと「もし～ならば～する。でなければ～する」という条件分岐を記述できます。例えば「もし所持金が1500円以上ならばピザを買う。1500円未満ならばカードで支払いできないかたずねてみる」という条件分岐を簡潔に書くことができます。

▶ if～else文の例

```
if␣(条件式)␣{
␣␣条件式が真のとき行う処理
}␣else␣{
␣␣条件式が偽のとき行う処理
}
```

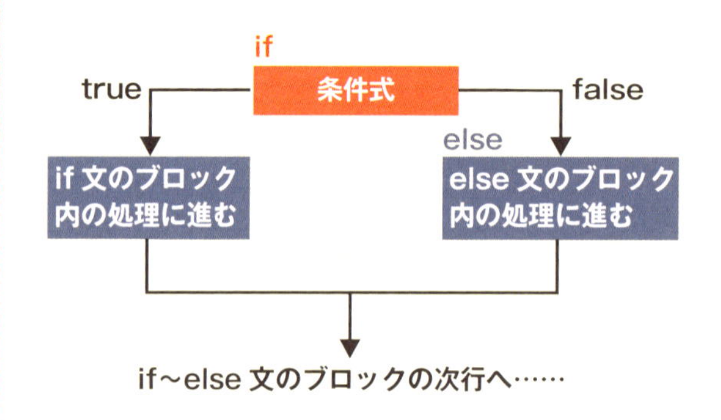

複雑な条件分岐は、フローチャート（流れ図）で表すと頭を整理できます。

満たさないときにさらに条件をチェックする（else if文）

もしピザを買うことができなくても、もっと安いものなら買うことができるかもしれません。例えば「もし所持金が1500円以上ならばピザを買う。1500円以上はないけど、500円以上ならばポテトを買う」という条件も考えられます。このようなケースごとに条件を指定したい場合には、if~else if文を使うことができます。

▶ else if文の例

```
if␣(条件式1)␣{
␣␣条件式1が真のとき行う処理
}␣else␣if␣(条件式2)␣{
␣␣条件式1が偽で、条件式2が真のとき行う処理
␣␣：
}
```

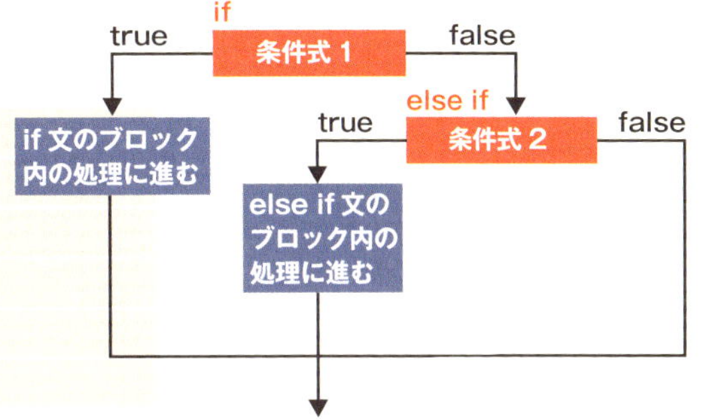

if文を複雑に組み合わせる

if文やelse文は複雑に組み合わせて使用することができます。入れ子にしたり、elseをつなげたりすることで、より複雑な条件分岐を表現できます。

▶ 複数のif文を組み合わせた例

```
if␣(条件式1)␣{
␣␣条件式1が真のときに行う処理
␣␣if(条件式2)␣{
␣␣␣␣条件式1~2が真のときに行う処理
␣␣}␣else␣if(条件式3)␣{
␣␣␣␣条件式2が偽で、条件式1、3が真のときに行う処理
␣␣}␣else␣{
␣␣␣␣条件式2~3が偽で、条件式1が真のときに行う処理
␣␣}
}
```

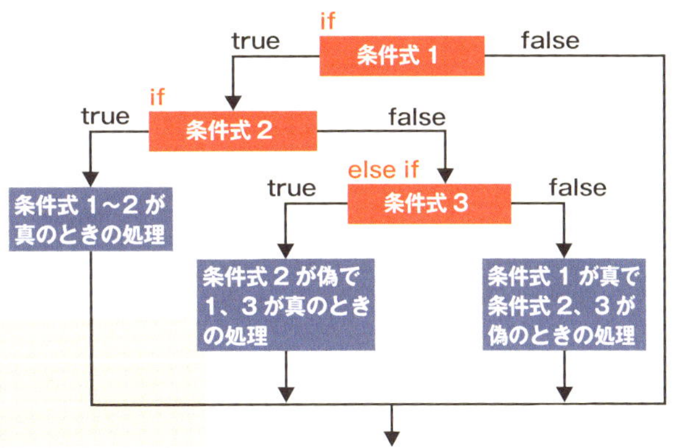

ケースごとに条件を分けてみる

1 所持金が1500円未満の処理を書く 03/pizza/practice/js/app.js

Lesson 20で編集したピザを注文するプログラムを開き、else if文とelse文を加え、上書き保存してください❶❷。

```
001 var budget = prompt('所持金を数字で入力してください');
002 budget = parseFloat(budget);
003 if (budget >= 1500) {
004   alert('ピザを注文しました');
005 } else if (budget >= 500) {
006   alert('ポテトを注文しました');
007 } else {
008   alert('節約、節約...');
009 }
```

❶ else if文を追加
❷ else文を追加

Point 今回追加する条件

ここでは所持金が1500円未満のときに、次の2つの条件を追加しています。

- **所持金が500円以上なら「ポテトを注文しました」と表示**
- **条件を満たさない場合は「節約、節約...」と表示**

ワンポイント プログラムがうまく動作しないときの対処法

プログラムがうまく動作しないときは、うまく動いていたところまで戻って、追記したプログラムに問題がないか調べてみるといいでしょう。でも、せっかく追記したプログラムを消してしまうのはもったいないですよね。そんなときには、追記したプログラムを「/*」と「*/」で囲んで、コメント文にするといいでしょう。コメント文はプログラムとして処理されなくなるので、プログラムを消したのと同じ効果を得ることができます。コメント文にする範囲を徐々に狭めていけば、問題のプログラムが有効になったところでエラーが発生するので、問題の箇所を特定することが可能です。

2 プログラムが完成した

app.jsを上書き保存したら、ブラウザでindex.htmlをリロードしてください。所持金を入力するダイアログボックスが表示されます。

「所持金が1500円以上の場合」「所持金が1500円未満500円以上の場合」「それ以外」の3パターンで値を入力し、動きを確認してみましょう❶。

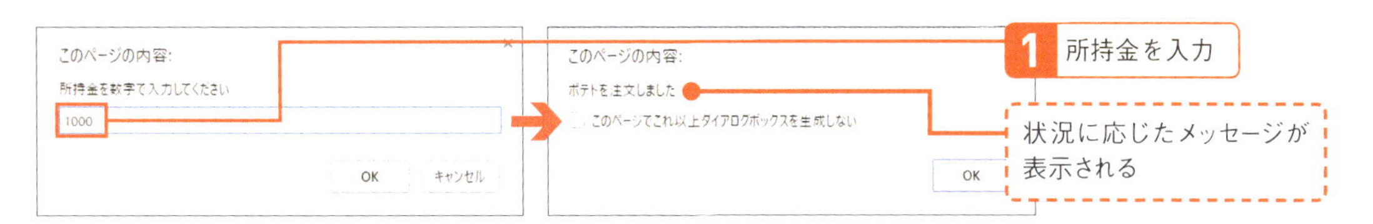

Point 今回のサンプルの条件分岐

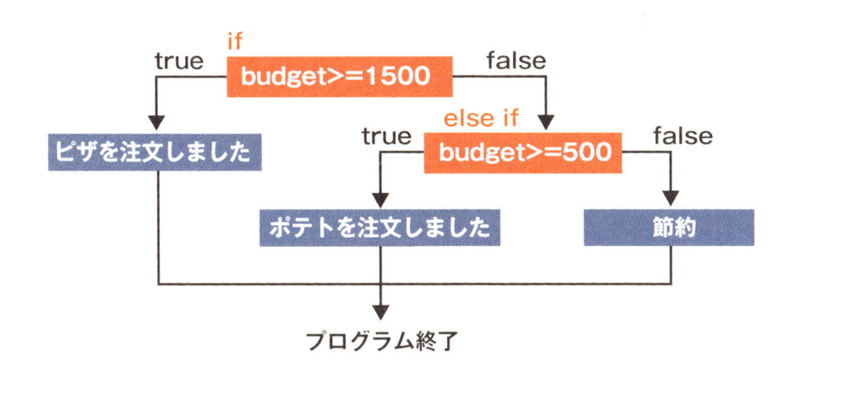

複雑に条件が入り組んでいる場合でも、「if...else if文」を使えばケースごとに対応できます。

Lesson 22

[論理演算子]

複数の条件を組み合わせた条件式の書き方を学びましょう

このレッスンのポイント

if文やelse if文を組み合わせればたいていの条件を書くことができます。ただし、複数の条件をすべて満たす場合や、どれか1つでも満たす場合に何かをさせたい場合は、if文を組み合わせるよりも論理演算子を使ったほうがシンプルです。

条件を組み合わせる

これまで単純な条件を見てきましたが、より複雑な条件を作るには、条件を組み合わせて使う必要があります。

例えば「お客さんがピザとコーラをセットで注文したら50円OFFにして」という条件は「ピザを注文」という条件と「コーラを注文」という条件が重なったときにはじめて有効になる条件です。このような「AかつB」という条件をJavaScriptで表現するには「&&」記号を使います。&&や次に説明する||と!をまとめて「論理演算子」と呼びます。

▶両方とも真のときだけ真になる:AND

条件式1　条件式2

```
if␣(ピザを注文␣&&␣コーラを注文)␣{
␣␣50円割引 …… セット割引
}
```

&&		→	true
&&		→	false
&&		→	false
&&		→	false

「&&」は左辺と右辺の両方がtrueのときだけ結果がtrueになります。

条件の範囲を広げる

先ほどの例では「AかつB」と条件の範囲を狭めていましたが、逆に条件の範囲を広げることもできます。例えば「ピザとコーラのどちらかを注文してくれたら50円OFFにして」という条件の場合、「AまたはB」という具合に条件の範囲が広がっています。このような「AまたはB」という条件をJavaScriptで表現するには、論理演算子の「||」を使います。

▶ どちらかが真なら真になる:OR

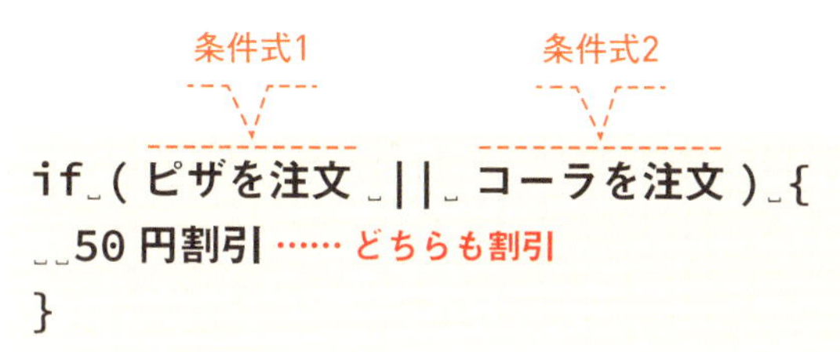

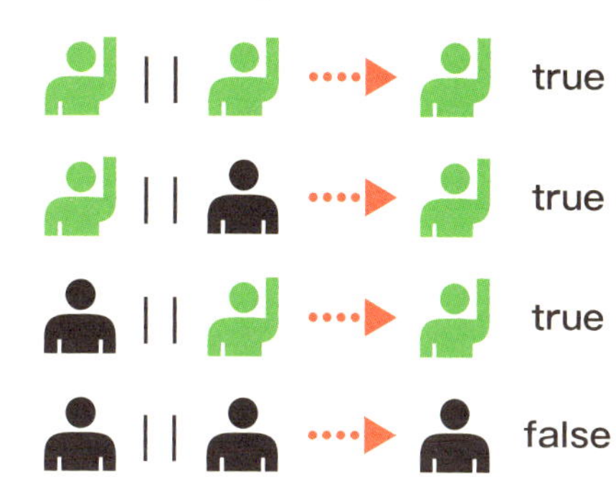

「||」は左辺と右辺のどちらかがtrueなら結果がtrueになります。falseになるのは両方ともfalseのときだけです。

ある条件以外の場合を表現する

例えば「ピザを注文しない場合は送料300円をもらう」ことにしたい場合、ピザ以外を注文した条件を書こうとすると、「コーラだけ注文した場合」「パスタだけ注文した場合」……とキリがありません。この場合はピザを注文「していない」という条件のほうがわかりやすいですよね。「Aではない」という条件をJavaScriptで表現するには「!」を使います。この演算子はtrueをfalseに、falseをtrueに逆転します。

▶ 条件の否定:NOT

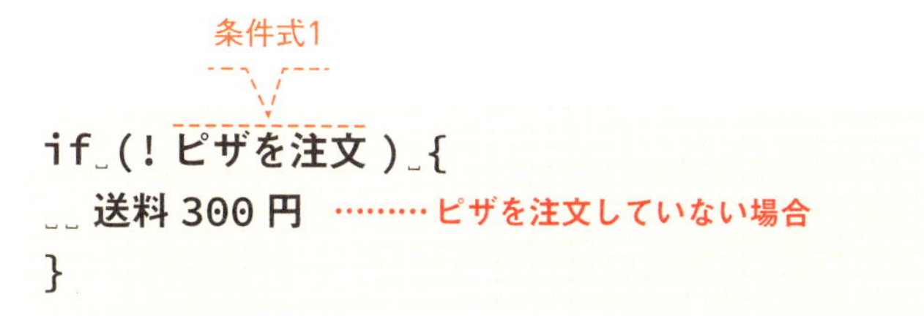

論理演算子を使えばシンプルに書ける

先ほどの「お客さんがピザとコーラをセットで注文したら50円OFFにして」という条件は、「&&」を使わなくても、if文の組み合わせでも表現できます。でも「&&」を使ったプログラムのほうがずっと読みやすいはずです。

プログラムは、結果的に同じ命令でもさまざまな方法で表現できます。同じ命令であれば、できるだけ読みやすいほうがいいですよね。

▶ &&なしで書いた場合

```
if␣(ピザを注文)␣{
␣␣if␣(コーラを注文)␣{
␣␣␣␣50円割引
␣␣}
}
```

▶ &&を使って書いた場合

```
if␣(ピザを注文␣&&␣コーラを注文)␣{
␣␣50円割引
}
```

プログラムの結果は同じでも「&&」を使用したほうが読みやすい

論理演算子	使用例	意味
&&	A && B	AかつB
||	A || B	AまたはB
!	!A	Aではない

「&&」「||」「!」の3つを「論理演算子」といいます。演算子なので、「A && (B || C)」のように ()と組み合わせて使用することもできます。

お腹の空き具合に応じて注文を変更する

1 条件を追記する　03/pizza/practice/js/app.js

Lesson 21で作成したプログラムに「お腹が空いている場合のみ、ピザを注文する」という条件を加えてみましょう。

app.jsファイルをBracketsで開いて、❶❷以下のように修正を施して、上書き保存してください。

```
001 var␣budget␣=␣prompt('所持金を数字で入力してください');
002 budget␣=␣parseFloat(budget);
003 
004 var␣isHungry␣=␣confirm('お腹は空いていますか？');
005 
006 if␣(budget␣>=␣1500␣&&␣isHungry)␣{
007 ␣␣alert('ピザを注文しました');
008 }␣else␣if␣(budget␣>=␣500)␣{
009 ␣␣alert('ポテトを注文しました');
010 }␣else␣{
011 ␣␣alert('節約、節約...');
012 }
```

❶ 空腹か確認

❷ 「&& isHungry」を追加

Point confirmのメソッド戻り値は押されたボタンを表す

確認ダイアログボックスを表示するconfirmメソッドの戻り値は、ダイアログボックスの[OK]がクリックされると「true」、[キャンセル]がクリックされると「false」になります。trueかfalseに判別できるものはすべて条件式として用いることができるので、confirmメソッドの戻り値も条件式として用いることができます。

confirmは「確認」という意味です。

2 プログラムが完成した

修正が完了したら、ブラウザでindex.htmlをリロードして、プログラムが意図した通りに動くかを確認してみてください。
プログラムに問題がなければ、所持金が1500円以上の場合でも、「お腹は空いていますか?」という質問で[OK]をクリックしたときしかピザが注文されません。

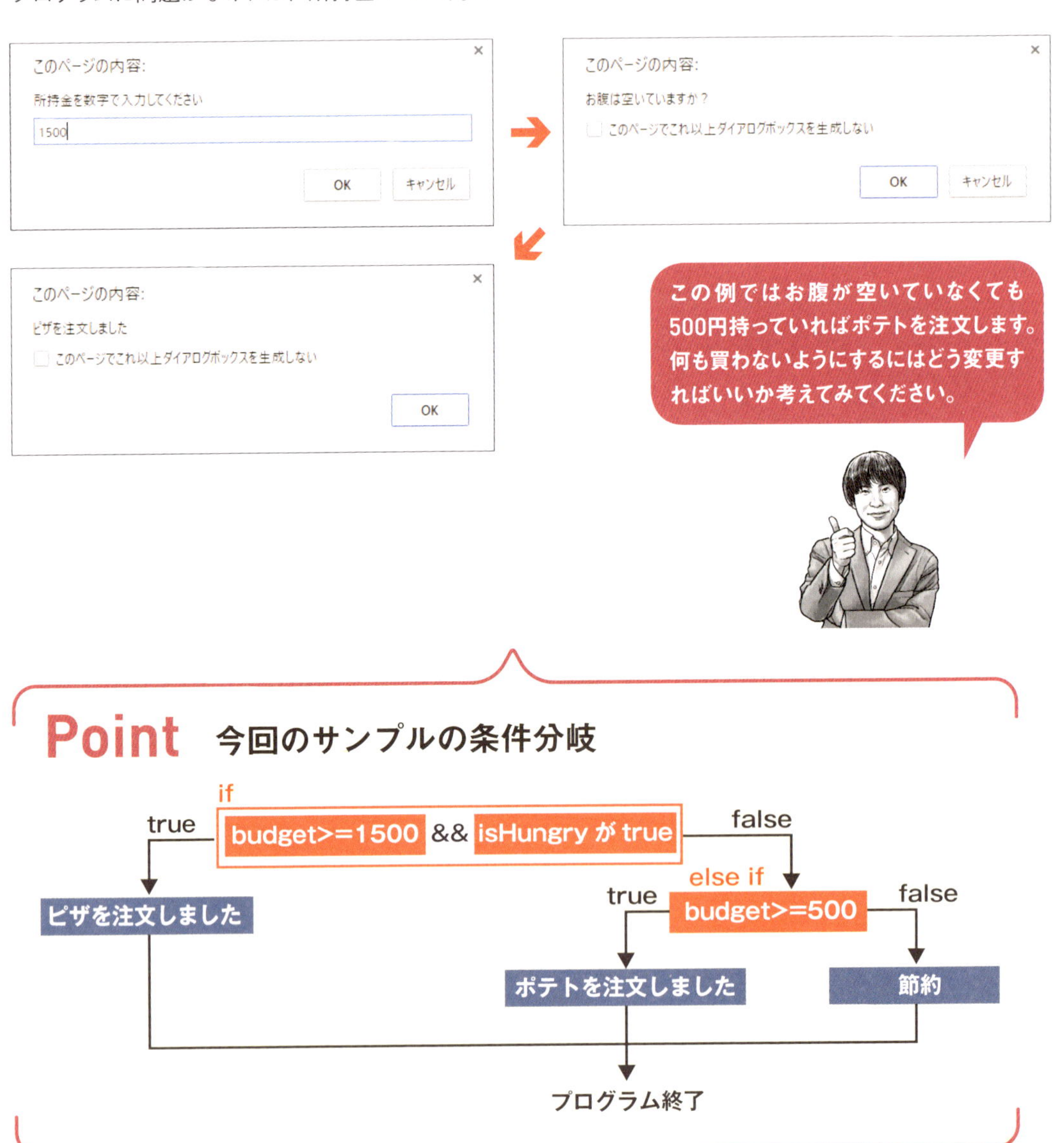

Lesson 23

[switch文]

switch文について学びましょう

このレッスンのポイント

switch文を使うと、変数の値がどれと一致するかで複数に分岐する処理を書くことができます。switch文はif文の組み合わせで代替することもできるので、そのメリット、デメリットをしっかり押さえて使い分けられるようになりましょう。

場合分けに便利な switch文

エアコンには「運転切り替え」というスイッチがありますよね。運転の方法を「冷房」「暖房」「送風」といった具合に切り替えることができます。このように、特定の値が決まったケースがある条件分岐は、switch文で書くことができます。if〜else if文で書くこともできますが、switch文の場合は「条件分岐がスイッチのように切り替わっている」ことが最初からわかるので、if〜else if文で書く場合に比べプログラムを読みやすく書くことができます。

▶ switch文の基本構文

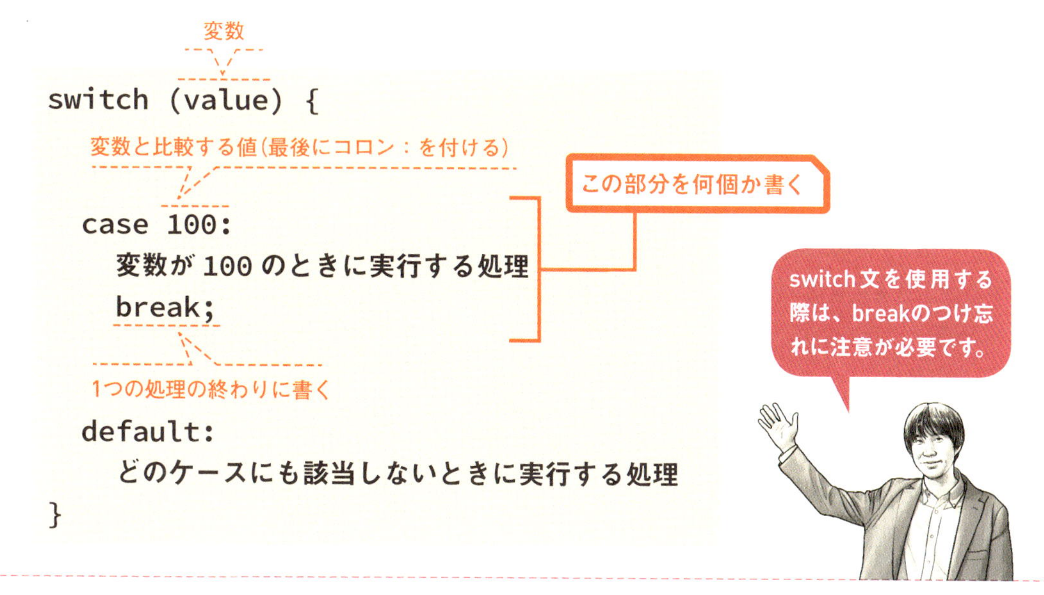

switch文の注意点

switch文の構造はちょっと複雑なので、先ほどのエアコンを例に処理の流れを追ってみましょう。
最初にswitch文の( )内の変数と、1つ目の「case」の値が比較されます。一致しなければ、次のcaseまでスキップします。これを繰り返して一致するcase文が見つかったら、その次の文に進み、それを実行します。そしてbreakが見つかったらswitch文のブロックの外までジャンプします。
各処理の最後には必ずbreak文を書いてください。そうしないと、次のcaseの文に進んでしまいます。この仕組みをうまく使うことでスッキリしたプログラムを書くテクニックもあるのですが、単にbreakを付け忘れると思いもよらぬ結果になる場合があるので、基本的には必ずbreakを書くようにしてください。

switch文の処理の流れ

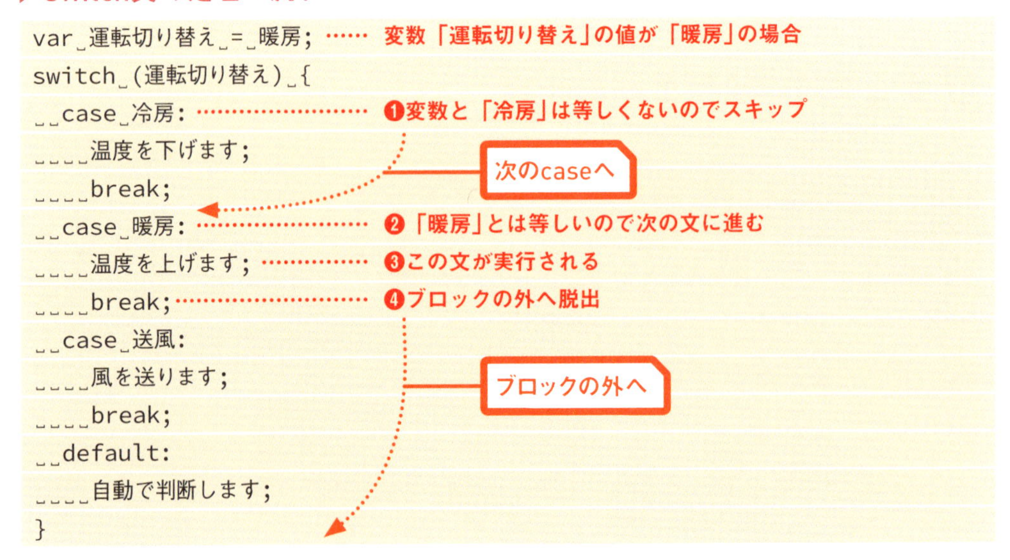

break文が抜けている場合

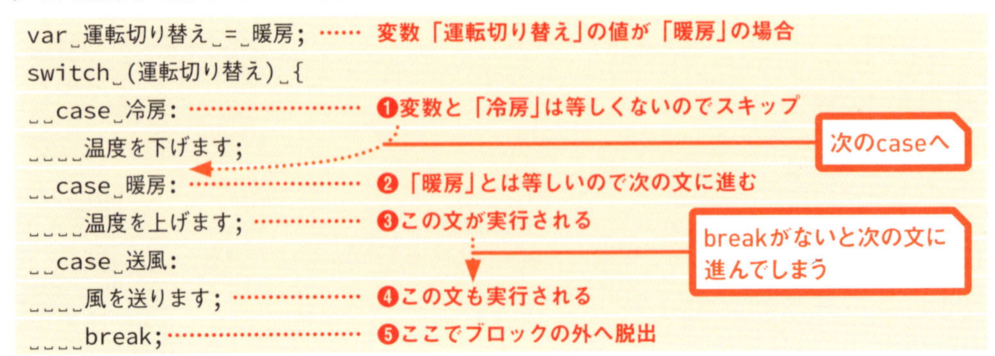

Lesson 24

[実践:ジャンケンゲームを作ろう]

ジャンケンゲームを作りましょう

このレッスンのポイント

このレッスンでは章の総まとめとして「ジャンケンゲーム」を作ってみましょう。複数のif文とswitch文を組み合わせた、少しだけ複雑なプログラムになります。プログラムがどのような仕組みになっているのか、条件分岐をひもときながら考えてみてください。

ジャンケンの仕組みを考える

これまで学んできた条件分岐の仕組みを使って「ジャンケン」するプログラムを作ってみましょう。❶のジャンケンの手の入力は、入力ダイアログを使って、ユーザーに入力してもらいましょう。❷のコンピュータのジャンケンの手を決めるには、新たに「グー」「チョキ」「パー」の手から「ランダムに選ぶ仕組み」を学ぶ必要がありそうですね。❸の判定はこの章で習った条件分岐の知識が使えそうです。❹も、❸の結果をダイアログで表示できればいいでしょう。

▶ジャンケンゲームの手順

①ジャンケンの手を入力してもらう

②コンピュータのジャンケンの手を決める

③どちらが勝ったか判定する

④結果を表示する

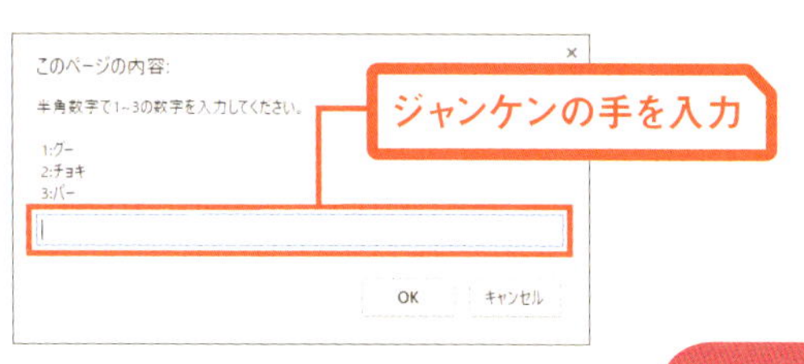

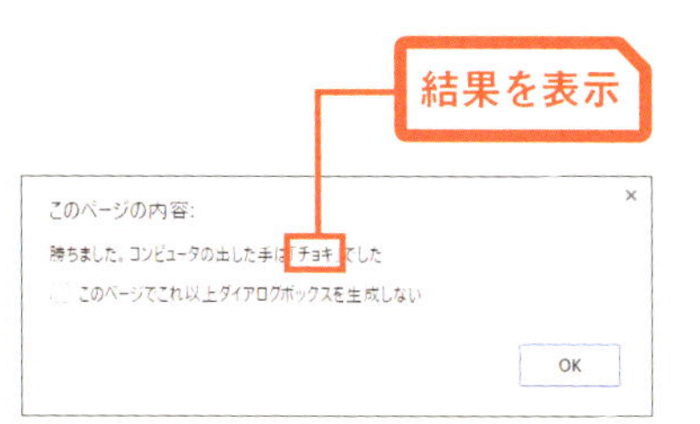

最初に手順化することで、どのようにプログラムを書けばいいのかイメージしやすくなります。

ランダムにジャンケンの手を決めるには

ランダムにジャンケンの手を決める命令というのは存在しませんが、ランダムな数字を生成するプログラムは用意されています。仮に「グー」を1、「チョキ」を2、「パー」を3とすると「1、2、3のいずれかの整数をランダムに生成することで、ジャンケンの手を決める」ことができます。

実際に「1～3」の値をランダムに生成するプログラムを図示したので、仕組みを確認していきましょう。少し複雑なので、4つのステップに分けて解説します。

まず「Math.random()」は、0以上～1未満の数値をランダムで作るメソッドです❶。その値に3を掛けることで「0以上3未満」の数字にします❷。

この時点の数値は小数点以下を含む実数です。結果は整数にしたいので、切り捨てを行う「Math.floor()」を利用します。Math.floor()は、()に指定された数値以下の最大の整数を作ります。これにより「0,1,2」の整数になります❸。

最後に、このランダムに作られた数に1を足すことで、「1,2,3」の整数が得られます❹。

▶ 1～3の数値をランダムに決めるプログラム

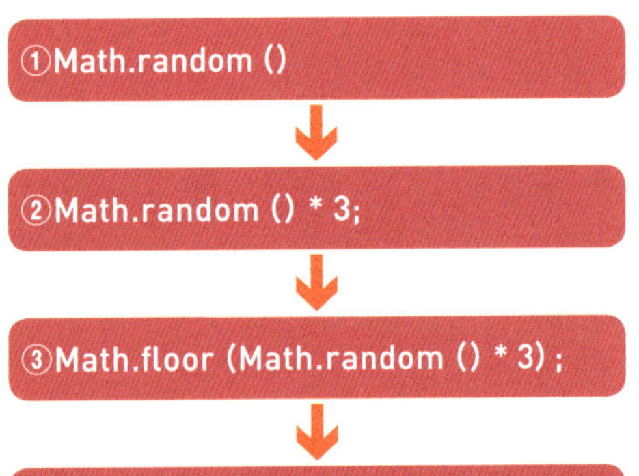

- 0以上1未満の数値をランダムに作る
- 0以上3未満の数値をランダムに作る
- 0、1、2の数値をランダムに作る
- 1、2、3の数値をランダムに作る

▶ このプログラムで使うメソッドの構文

```
var r = Math.random()
```

0以上～1未満のランダムな実数を返す

```
var f = Math.floor(r)
```

指定された数値以下の最大の整数を返す

ランダムな値を作る方法は、いろいろな場面で利用できるので、ぜひ覚えてください。

ジャンケンプログラムを作る

1 ジャンケンの手を入力してもらう　03/janken/practice/js/app.js

このレッスン用のapp.jsをBracketsで開いて、プログラムを少しずつ加筆していきます。
まずはユーザーにジャンケンの手を入力してもらう以下のプログラムを記述しましょう。ジャンケンの手は「グー:1」「チョキ:2」「パー:3」と数値で表現しますが、数値のままでは何を示しているのかわかりにくいので、それぞれGU、CHOKI、PAという変数に代入したものを使用します❶。ユーザーの手は入力ダイアログボックスを使って入力してもらい、結果を変数humに代入します❷。最後に、受け取ったデータをparseInt関数を使って文字列から数値に変換します❸。

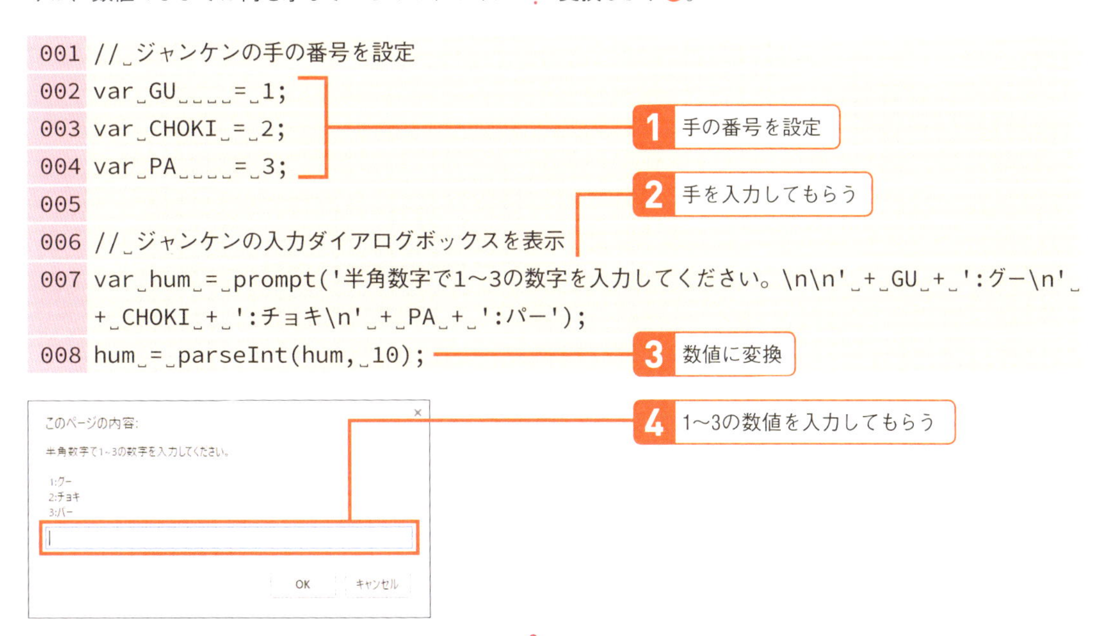

```
001 // ジャンケンの手の番号を設定
002 var GU    = 1;
003 var CHOKI = 2;
004 var PA    = 3;
005
006 // ジャンケンの入力ダイアログボックスを表示
007 var hum = prompt('半角数字で1〜3の数字を入力してください。\n\n' + GU + ':グー\n' + CHOKI + ':チョキ\n' + PA + ':パー');
008 hum = parseInt(hum, 10);
```


Point 定数で固定データをわかりやすくする

GU、CHOKI、PAの値は一度定めたら変化させる必要がありませんよね。
このように、不変の値を示すものを「定数」といいます。変数に不変の値を代入する場合は、それが定数であることがわかるように、変数名を大文字にする慣習があります。なお、JavaScriptには明示的に定数を表す「const」というキーワードがありますが、一部のブラウザが対応していないため、今回のプログラムでは使用しないようにしています。

2 入力値をチェックする

次に、入力された値のチェックを行います。今回はジャンケンの手のみ入力可能にしたいので、「ジャンケンの手を示す値のどれとも等しくない（!==）」という条件分岐を作って❶、条件に合わないときは、再入力を促すメッセージを表示するようにしましょう❷。

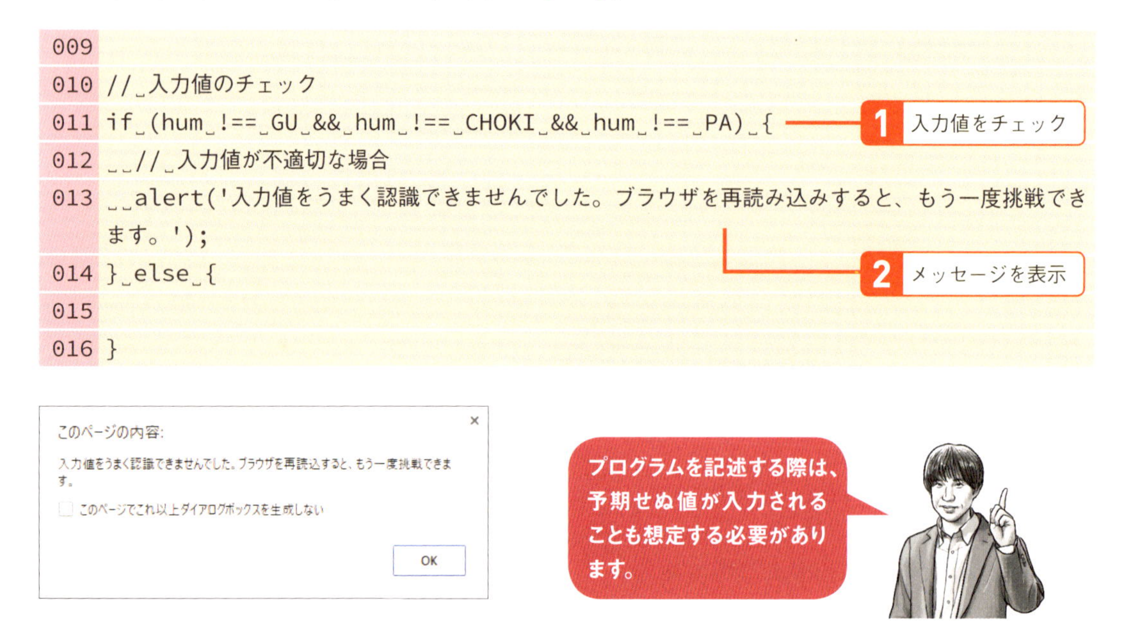

```
009
010 //␣入力値のチェック
011 if␣(hum␣!==␣GU␣&&␣hum␣!==␣CHOKI␣&&␣hum␣!==␣PA)␣{
012 ␣␣//␣入力値が不適切な場合
013 ␣␣alert('入力値をうまく認識できませんでした。ブラウザを再読み込みすると、もう一度挑戦できます。');
014 }␣else␣{
015
016 }
```


3 コンピュータのジャンケンの手を決める

コンピュータの手を決めるために、変数comに「1~3の整数」をランダムで記憶しています❶。
コンピュータの手はそのままだと整数なので、何の手かわかりにくいです。そこで、switch文を使って、コンピュータの手に対応するテキストを、変数comHandNameに記憶しています❷。

```
014 }␣else␣{
015
016 ␣␣//␣コンピュータの手を決める
017 ␣␣var␣com␣=␣Math.floor(Math.random()␣*␣3)␣+␣1;
018
019 ␣␣//␣コンピュータの手の名前
```

1 手を決める

```
020   var comHandName = '';
021   switch (com) {
022     case GU:
023       comHandName = 'グー';
024       break;
025     case CHOKI:
026       comHandName = 'チョキ';
027       break;
028     case PA:
029       comHandName = 'パー';
030       break;
031   }
032 }
```

2 手を表すテキストを用意

4 どちらが勝ったか判定する

どちらが勝ったかを判定するために、コンピュータの手である変数comと、人間の手である変数humを比較しましょう。判定結果を表す文字列はmsgResultに代入します。
人間の手が3通り、コンピュータの手が3通りなので、9通りの結果がありえますが、それらすべてを条件にする必要はありません。結果は大きく分けると「あいこ」「勝ち」「負け」の3パターンです。変数comと変数humの値が同じなら「あいこ」なので、それを先に判定します❶。これで3通り分の判定が一気に済みました。
次に人間が「勝ち」の場合を判定します。人間の勝ちパターンは3通りなのでそれを&&と||を組み合わせて判定します❷。そして「あいこ」でも「勝ち」でもないときは、「負け」になります❸。

```
032
033   // 結果の判定
034   var msgResult = '';
035   if (hum === com) {
036     msgResult = '結果はあいこでした。';
037   } else if ((com === GU && hum === PA) || (com === CHOKI && hum === 
      GU) || (com === PA && hum === CHOKI)) {
038     msgResult = '勝ちました。';
039   } else {
040     msgResult = '負けました。';
041   }
```

1 あいこを判定

2 勝ちを判定

3 負けを判定

Point　ジャンケンの勝敗判定

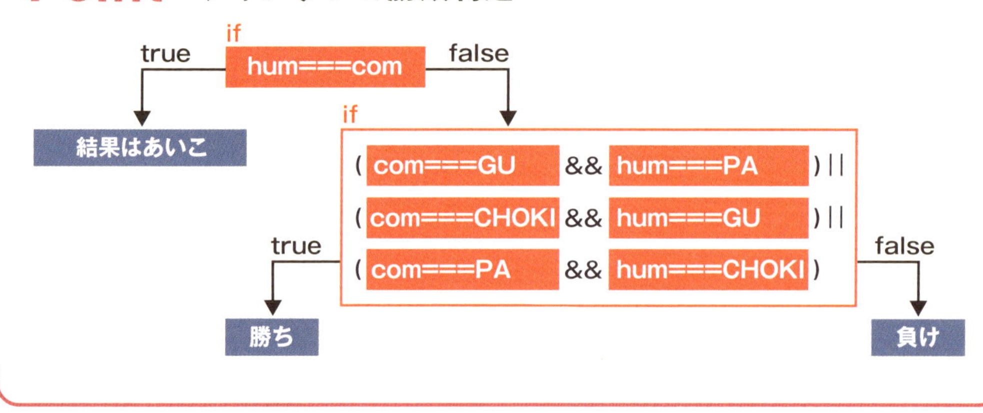

5 結果を表示する

最後に結果として、勝敗とコンピュータの出した手を表示すれば完成です。

app.jsに以下のプログラムを追記して、上書き保存してください❶。

1 結果を表示

```
042
043   // 最終的な結果の表示
044   msgResult = msgResult 'コンピュータの出した手は「' + comHandName + '」でした';
045   alert(msgResult);
046 }
```

このページの内容:

半角数字で1~3の数字を入力してください。

1:グー
2:チョキ
3:パー

1

OK　キャンセル

→

このページの内容:

勝ちました。コンピュータの出した手は「チョキ」でした

このページでこれ以上ダイアログボックスを生成しない

OK

うまくいかなかった人は、Chromeのコンソールにエラーメッセージが表示されていないか確認してください。そして完成ファイルと見比べて間違いを修正しましょう。

Chapter

4

関数の基本を学ぼう

プログラムを効率よく記述できる「関数」について学んでいきます。いままで作成したプログラムを書き直すことで、関数の便利さを実践を通じて学びましょう。

Lesson 25

[関数の概要]

関数のメリットを知りましょう

このレッスンのポイント

関数は、複数の文で書かれた命令をまとめて呼び出せるようにする仕組みです。関数をうまく使いこなせるかどうかは、プログラミングの効率を左右する大きなポイントです。まずはこのレッスンでなぜ関数が便利なのか、そのメリットを学びましょう。

複雑な手順をまとめる

いきなりですが、皆さんにクイズを出します。次の3つの命令は何をするためのものでしょうか？

- **取っ手をつかむ**
- **取っ手をひねって留め具を外す**
- **取っ手を持ったまま手前に引く**

正解は「ドアを開ける」です。言葉ではひとことの動作でも、手順化して文に分けると、何を行っているのかわかりにくくなってしまうときがあります。できることなら、単に「ドアを開ける」と表現したいですよね。そんなときに便利なのが「関数」です。関数は、複数の文で書かれた命令に名前を付けて、まとめて呼び出せる仕組みです。

▶ 関数は複数の命令をまとめる

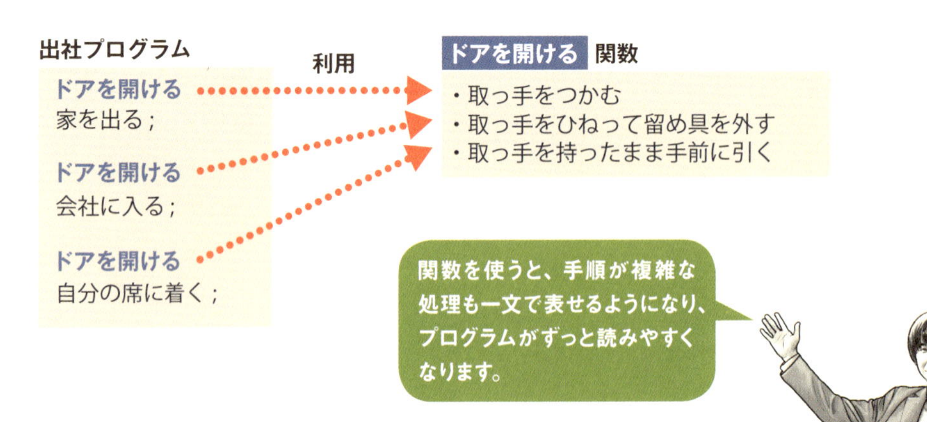

読みやすくて再利用しやすいプログラムが書ける

関数を使うメリットはたくさんありますが、特に重要な2つのメリットは、「プログラムが読みやすくなる」ことと、「プログラムを再利用できる」ことです。関数を使うことで、たくさんの手順が意味のある単位にまとまり、プログラムが読みやすくなります。そして、一度関数を定義してしまえば、簡単に再利用することができます。

例えば100行の命令を10回行うには100行×10で1000行の記述が必要ですが、関数を使えば、定義するときに必要な100行ちょっとの命令と、関数を呼び出すときに必要な1行の命令10回で済みます。もし修正があったときも、10カ所すべて修正するのではなく、関数の定義1カ所だけ修正すれば済みます。

「プログラムが読みにくい」「プログラムを再利用したい」のどちらかに該当する場合は、関数を作るといいでしょう。

はじめから用意されている関数もたくさんある

実は、これまで使用してきたconsole.log()やparseFloat()なども関数の1種です。本当は複雑な手順が必要なプログラムも、関数化することで簡単に利用できるようになっているのです。

console.log 関数
コンソールに情報を表示

alert 関数
警告ダイアログボックスを表示

prompt 関数
入力ダイアログボックスを表示

parseFloat 関数
文字列を数値に変換

confirm 関数
確認ダイアログボックスを表示

関数は「メソッド」と呼ばれることもあります。両者の違いはLesson 33「オブジェクト」の項目で扱いますが、いまの段階ではほぼ同じものと理解しておいて大丈夫です。

Lesson 26 ［関数の定義］

関数の書き方と呼び出し方を学びましょう

このレッスンのポイント

関数を作ることを「関数を定義する」といいます。関数を呼び出す側と関数内は、引数と戻り値でデータをやりとりできます。このレッスンでは、関数を自分で定義する方法と、定義した関数を呼び出して利用する方法について学んでいきましょう。

関数と呼び出し側は引数と戻り値をやりとりする

関数を定義するには、英語で「機能」を意味する「function」の後に、関数名を書き、そのブロック「{ }」の中に関数の中で実行したい処理を書きます。関数の名前は、変数と同じルールで決めることができます。

関数名の後の( )には、必要に応じて引数(ひきすう)を定義します。**引数は、関数を呼び出す側から関数の中で使用する値を渡す仕組みです**。例えばconsole.log()などの関数を使用したとき、( )の中にコンソールに表示したい値を指定しましたよね。それがまさに引数です。引数はカンマ区切りで複数指定することができます。

「return」は、関数の終了を意味します。**returnと同じ行には、呼び出し元に返す「戻り値」を指定することができます**。例えば文字列を数値に変換するparseFloat関数では、引数として指定した文字列が、数値となって返ってきましたよね。それが「戻り値」です。returnがない場合は関数は最後まで実行され、戻り値が「undefined」となって終了します。

▶関数の定義

functionキーワード　関数名　カンマで区切って引数を指定

```
function␣getResultMsg␣(com,hum)␣{
␣␣行いたい処理
␣␣return␣result;
}
```

returnキーワード　戻り値

▶関数の呼び出し

```
関数名 ( 引数 1,␣引数 2,␣...);
```

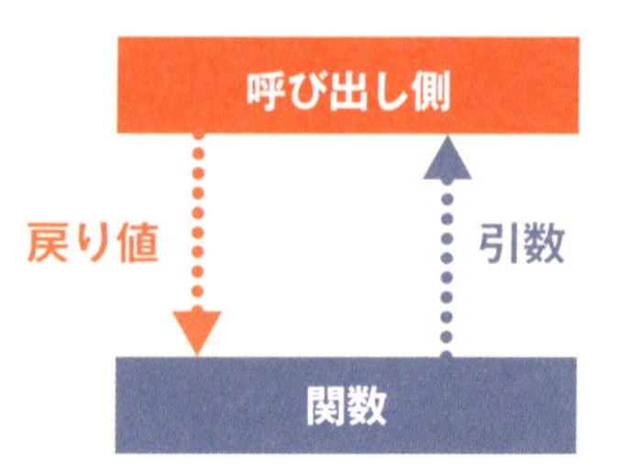

挨拶プログラムを関数化してみる

1 プログラムを書く 04/greet/practice/js/app.js

Lesson 15で作成した、挨拶プログラムの挨拶部分を関数化してみましょう。

レッスンのapp.jsファイルをBracketsで開いて、以下のプログラムを記述して上書き保存します。

```
001  var name = prompt('名前を入力してください');
002  greet(name);
003 
004  function greet(name) {
005    var message = 'こんにちは';
006    alert(message + name);
007    return;
008  }
```

引数の値を関数内で使用するには、引数の名前をそのまま利用します。

2 プログラムが完成した

プログラムができあがったら、実際にブラウザで動作確認をしてみましょう。問題なく動けば「名前を入力してください」とたずねられ、「'入力した名前'こんにちは」と表示されるはずです。当然ですが結果は2章と同じですね。

このページの内容:
名前を入力してください。
たろう
OK キャンセル

→

このページの内容:
こんにちはたろう
このページでこれ以上ダイアログボックスを生成しない
OK

Lesson 27 [スコープ]

関数と変数の有効範囲の関係を知りましょう

このレッスンのポイント

関数の中で宣言した変数は、その有効範囲(スコープ)が、関数内に限定されます。このような変数を「ローカル変数」といい、逆に有効範囲が限定されない変数を「グローバル変数」といいます。実際にどのような違いがあるのか確認していきましょう。

➔ 関数の中で宣言した変数は、関数の中だけで使用できる

関数の中で宣言した変数は「ローカル変数」といって、関数内のみでしか利用することができません。変数の有効範囲のことを「スコープ」と呼びます。実際に、前回のレッスンで作成したプログラムに、関数内で宣言されている「変数message」をコンソールに表示する文を追加すると、「message is not defined(messageは定義されていない)」というエラーになってしまいます。逆に、関数の外で定義した変数は「グローバル変数」といって、関数内も外も問わずどこでも使用することができます。

```
/* 中略 */
function greet(name) {
  var message = 'こんにちは';
  alert(message + name);
  return;
}

console.log(message);
// messageが定義されていないというエラーになる
```

スコープ

```
function greet(name) {
  var message = 'こんにちは';
  alert(message + name);
  return;
}
console.log(message);
```

関数の中で定義した変数は外から利用できない

関数の外で宣言した変数はグローバル変数になるので、関数の中でも利用することができます。

なぜ全部グローバル変数ではいけないの？

グローバル変数のほうが利用できる範囲が広くて便利そうに見えますが、なぜローカル変数が必要なのでしょうか。

一番の理由は**グローバル変数だけでは、変数名が重複しやすく、意図せず、変数の内容を変更してしまうトラブルが発生しやすいから**です。例えば、ある学校の同じクラスに同姓同名の生徒がいる確率はあまり高くありませんが、日本全国で見たら、同姓同名の人はたくさん存在します。ローカル変数の場合、「ある学校の同じクラス」のように、変数名が限られた関数の中でしか利用されないので、重複しないように注意するのも容易になります。

▶ グローバル変数の衝突

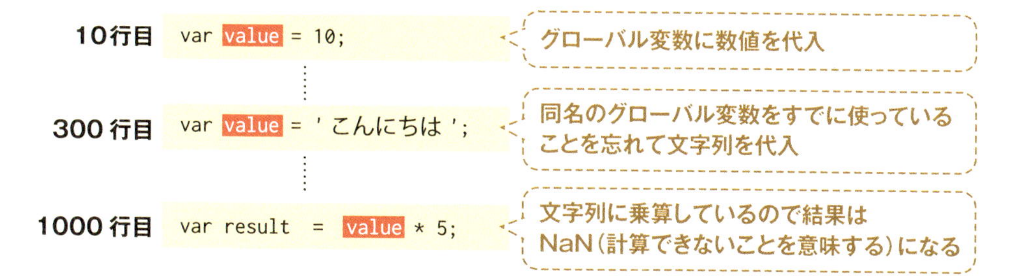

ワンポイント 即時関数

JavaScriptのプログラムでは、グローバル変数による名前の重複を避けるためだけに関数を利用することがあります。この目的で関数を利用するテクニックが、「即時関数」です。即時関数を使うと、関数を定義するだけで別の行で呼び出さなくてもすぐに実行することができます。即時関数を書くには、関数を定義する際の関数名を省略して全体をカッコ「( )」で囲み、最後に「();」を付けます。

▶ 即時関数の例

```
(function␣()␣{
␣␣この中に記述した処理はすぐに実行される
␣␣この中で宣言した変数は、ローカル変数となる
})();
```

即時関数は裏技的なテクニックですが、広く利用されているので読めるようにしておくと便利です。

Lesson 28 [実践:関数]

ジャンケンゲームを関数を使って書き直しましょう

このレッスンのポイント

関数には慣れてきましたか？ このレッスンではこれまでの集大成として、Chapter 3で作成した「ジャンケンゲーム」を関数を使って書き直します。いくつかの機能を関数にまとめることで、読みやすいプログラムに仕上げましょう。

関数にする部分を考える

関数の主なメリットは「プログラムが読みやすくなる」「プログラムが再利用しやすくなる」の2つでした。今回はプログラムを再利用する予定はないので「プログラムが読みやすくなる」メリットを重点的に考えて、機能ごとに関数化を検討します。ジャンケンゲームを構成する機能を大きく分けると、以下のようになります。このうちいくつかを関数にしてみましょう。

ジャンケンゲームを構成する機能

- 人間に手を入力してもらう機能 → getHumHand関数
- 入力値がおかしかったときにメッセージを出す機能 → そのまま利用
- コンピュータの手を決める機能 → getComHand関数
- 最終的な結果を表示する機能 → getResult関数、getResultMsg関数

「機能ごとにまとまった一連の処理」単位で関数にすると、プログラムが読みやすくなります。

人間に手を入力してもらう

1 ジャンケンの手の番号を設定する　04/janken/practice/js/app.js

レッスンのapp.jsファイルをBracketsで開いて、以下のプログラムを記述しましょう。Chapter 3のジャンケンゲームの改変ですが、関数化にともなって細かい部分が変化するため、混乱しそうだったらひととおり入力することをおすすめします。

まずは、ジャンケンの手の番号を設定します❶。

```
001 /* 変数定義 ************************/
002 // ジャンケンの手の番号を設定
003 var GU    = 1;
004 var CHOKI = 2;
005 var PA    = 3;
```

❶ 番号を変数に代入

2 ジャンケンの手の入力を関数化する

次に、ジャンケンの手の入力処理をしていた部分を関数化していきます。関数の機能は「人間のジャンケンの手を取得すること」なので、英語の「get Human Hand」を略して「getHumHand」としてみました❶。ジャンケンの手に該当するときは入力された値をそのまま返し、それ以外のときはundefinedを返します❷。

```
006
007 /* 関数定義 ************************/
008 // 人間に手を入力してもらう機能
009 function getHumHand() {
010   var hum = prompt('半角数字で1～3の数字を入力してください。\n\n' + GU + ':グー\n' 
      + CHOKI + ':チョキ\n' + PA + ':パー');
011   hum = parseInt(hum, 10);
012   if (hum !== GU && hum !== CHOKI && hum !== PA) {
013     return undefined;
014   } else {
015     return hum;
016   }
017 }
```

❶ 関数にする

❷ 戻り値を返す

Point 値が不適切ならundefinedを返す

getHumHandは「ジャンケンの手」を取得する関数なので、戻り値にジャンケンの手以外のデータが入っていたら不親切です。そこで、入力された値がジャンケンの手以外のときは、うまく取得できなかったことを伝える「undefined」を返し、問題があることを呼び出し側に伝えるようにします。undefinedは、未定義を意味するデータ型です。

3 作った関数を呼び出す

getHumHandの関数ができたら、それを使って、人間の手を取得してみましょう。
関数を呼び出す文を追加してファイルを上書き保存します❶。次にindex.htmlをChromeで開いて、動作確認をします。入力画面が表示され、入力した数値がコンソールに表示されれば、ちゃんと動作しています。半角数値の1～3以外を入力した場合は、コンソールにundefinedが表示されるはずです。
「console.log(hum);」の行は動作確認用なので、確認が終わったら削除して、ファイルを上書き保存しておきましょう。

```
018
019 /* 実行する処理 ************************/
020 var hum = getHumHand();
021 console.log(hum); // この行は動作確認したらすぐ消す
```

❶ 関数を呼び出す

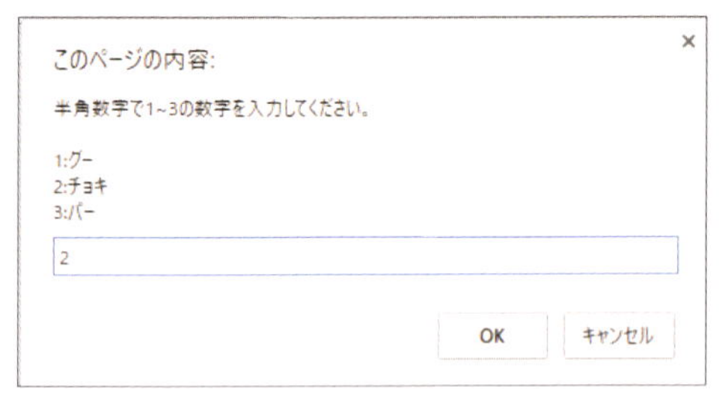

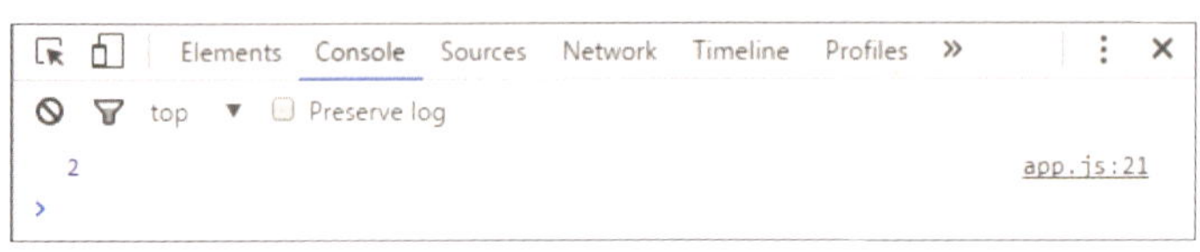

プログラミングにバグやエラーはつきものです。「console.log ()」などを活用して、プログラムが意図通り動いているか一歩ずつ確認しながら進みましょう。

入力値がおかしいときにメッセージを表示する

1 入力値に応じて条件分岐する 04/janken/practice/js/app.js

「入力値がおかしかったときにメッセージを表示する機能」はもともと簡単だったので、今回は関数化を見送ります。入力されたジャンケンの手が記憶されている変数humを使って、入力値をチェックする条件分岐を記述します❶。以下のコードを追記して、ファイルを上書き保存したら、index.htmlをブラウザで開いて動作を確認してみましょう。ジャンケンの入力画面で数値の1～3以外を入力すれば、再入力を促すメッセージが表示されるはずです❷。

```
019 /* 実行する処理 *************************/
020 var hum = getHumHand();
021 if (!hum) {
022   alert('入力値をうまく認識できませんでした。ブラウザを再読み込み
      すると、もう一度挑戦できます。');
023 } else {
024 }
```

❶ 入力値をチェック

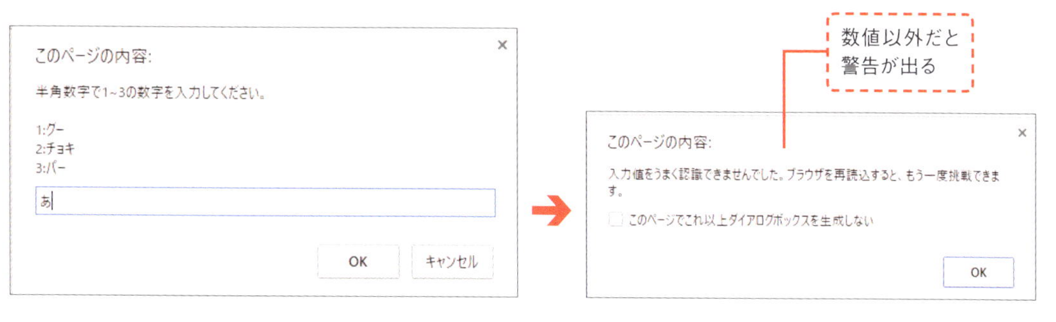

Point 条件式で偽になる値

条件式には変数の値をそのまま使うこともできます。次に挙げる値は「偽」として評価され、それ以外の値はすべて「真」と評価されます。

- **数値の 0**
- **数値の NaN（P.66参照）**
- **空白文字列の ''（シングルクォート2つ）**
- undefined
- null（P.137参照）
- false

コンピュータの手を決める

1 コンピュータの手の決定を関数化する

04/janken/practice/js/app.js

続いて「コンピュータの手を決める機能」を関数として作りましょう。関数名は英語の「Get Computer Hand」を略して「getComHand」にしてみました❶。そしてgetComHand関数の呼び出しを「実行する処理」の後に追加します❷。
ここまで記述したら、プログラムをapp.jsに追記して上書き保存し、index.htmlをブラウザで開いて動作を確認しておきましょう。コンソールに変数comの値（1、2、3のいずれか）が表示されれば、正しく動作しています❸。
「console.log(com);」の行は動作確認用なので、確認が終わったら削除して、ファイルを上書き保存しておきましょう。

```
019 //␣コンピュータの手を決める
020 function␣getComHand()␣{
021 ␣␣return␣Math.floor(Math.random()␣*␣3)␣+␣1;
022 }
023
024 /*␣実行する処理␣************************/
025 var␣hum␣=␣getHumHand();
026 if␣(!hum)␣{
027 ␣␣alert('入力値をうまく認識できませんでした。ブラウザを再読み込みすると、もう一度挑戦できます。');
028 }␣else␣{
029 ␣␣var␣com␣=␣getComHand();
030 ␣␣console.log(com);␣//␣この行は動作確認したらすぐ消す
031 }
```

❶ 関数を追加

❷ 関数を呼び出す

Elements Console Sources Network Timeline Profiles »
top ▼ Preserve log
2 app.js:30

変数comの値として1〜3の整数が表示される

Point 関数化によって意味がわかりやすくなる

関数化前のプログラムでは乱数を求めていることしかわかりません。関数化してgetComHandという名前を付けると、コンピュータの手を決めるという目的がわかりやすくなります。

最終的な結果を表示する

1 手の名前の取得を関数化する 04/janken/practice/js/app.js

続いて「最終的な結果を表示する機能」を関数化していきます。この機能は少し複雑な処理が含まれるので、さらに細かく分解して「コンピュータの手の名前を取得する機能」「ジャンケンの勝敗結果を判定する機能」「最終的な結果のメッセージを作る機能」の3つに分けて、それぞれ関数化していきます。まずは「コンピュータの手の名前を取得する機能」から関数化していきましょう。この機能をあらためてみると「手の番号で、手の名前を取得する」働きをしているので、コンピュータの手にかぎらず、人間の手の場合も同じように使用することができそうです。そこで関数名も英語で「Get Hand Name」として、それを連想できるgetHandNameを関数名にしました。以下のプログラムをapp.jsに追記して、上書き保存してください❶。

```
023
024 // コンピュータの手の名前を取得
025 function getHandName(num) {
026   switch (num) {
027     case GU:
028     return 'グー';
029     case CHOKI:
030     return 'チョキ';
031     case PA:
032     return 'パー';
033   }
034 }
```

1 関数を追加
処理が「return」まで進むと即座に関数が終了するので、今回のswitch文の「break」は省略できます。

Point getHandName関数は引数を受け取る

getHandName関数は、ジャンケンの手を表す1〜3の数値を受け取って、それに対応する「グー」「チョキ」「パー」のいずれかの文字列を返します。なので、関数の定義で引数numを用意してそこに数値を渡してもらい、return文で文字列を返しています。

2 ジャンケンの勝敗結果を判定する機能を関数化する

続いてジャンケンの勝敗結果を判定する機能を関数化していきます。関数名は英語で「Get Result」をそのまま「getResult」にしてみました❶。

```
035
036 // 結果の判定
037 function getResult (com, hum) {
038   if (hum === com) {
039     return '結果はあいこでした。';
040   } else if ((com === GU && hum === PA) || (com === CHOKI &&
    hum === GU) || (com === PA && hum === CHOKI)) {
041     return '勝ちました。';
042   } else {
043     return '負けました。';
044   }
045 }
```

❶ 結果判定を関数化

3 最終的な結果のメッセージを作る機能を関数化する

最終的な結果のメッセージを作る機能を英語で「Get Result Message」として、それを連想できる「getResultMsg」を関数名にしてみました❶。この関数は先に作成した2つの関数を利用して、最終的な結果のメッセージを作成しています。

```
046
047 // 最終的な結果のメッセージ
048 function getResultMsg(com, hum) {
049   return getResult(com, hum) + 'コンピュータの出した手は「' +
    getHandName(com) + '」でした';
050 }
```

❶ メッセージ作成を関数化

4 最終的な結果のメッセージを作る機能を関数化する

最後に関数を呼び出して、取得したメッセージをalertで表示します❶。

app.jsを上書き保存し、index.htmlをChromeで開いて動作を確認しましょう。

```
052 /*␣実行する処理␣***************************/
053 var␣hum␣=␣getHumHand();
054 if␣(!hum)␣{
055 ␣␣alert('入力値をうまく認識できませんでした。ブラウザを再読み込みすると、もう一度挑戦できます。');
056 }␣else␣{
057 ␣␣var␣com␣=␣getComHand();
058 ␣␣alert(getResultMsg(com,␣hum));
059 }
```

❶ 関数を呼び出して結果を表示

動作方法を確認

このページの内容:
半角数字で1~3の数字を入力してください。
1:グー
2:チョキ
3:パー
OK キャンセル

このページの内容:
勝ちました。コンピュータの出した手は「チョキ」でした
このページでこれ以上ダイアログボックスを生成しない
OK

5 全体を1つの関数「janken」にする

最後に、ジャンケンゲーム全体を「janken」という関数にしてしまいましょう。関数の定義を最初と最後に追加して❶、その関数を最後に呼び出します❷。

これで「janken()」と書くだけでjankenゲームを呼び出せるようになりました。

```
001 function␣janken␣()␣{
002 ␣␣/*␣変数定義␣*************************/
003 ␣␣//␣ジャンケンの手の番号を設定

059 ␣␣␣␣alert(getResultMsg(com,␣hum));
060 ␣␣}
061 }
062
063 janken();
```

❶ 全体を関数化

❷ 関数を呼び出し

入力し終わったプログラムをChapter 3のものと見比べてみてください。1つ1つの機能の区切りや役割がより明確になっているはずです。

ワンポイント 行数が増えても関数化する理由

今回の関数化で全体の行数は、実は「46行」から「63行」に増えています。行数が増えたと聞くと、かえってわかりにくいプログラムになってしまったような気がするかもしれません。ところが「実行する処理」の部分に着目すると、行数はたったの「8行」です。関数化後のプログラムは「実行する処理」の部分だけでプログラム全体の動作が捉えられるので、全体の行数が増えていても、ずっと読みやすくなったといえます。

▶「実行する処理」部分のコード

```
var␣hum␣=␣getHumHand();  ……人間に手を入力してもらう機能
if␣(!hum)␣{
␣␣alert('入力値をうまく認識できませんでした。〜もう一度挑戦できます。');
}␣else␣{
␣␣var␣com␣=␣getComHand();  ……コンピュータの手を決める機能
␣␣alert(getResultMsg(com,␣hum));  ……最終的な結果を表示する機能
}
```


ワンポイント 名前のない関数(無名関数)も作れる

関数を定義するときにfunctionの後の関数名を省略することができます。この書き方で定義された関数を「無名関数」と呼びます。単に関数名を省略しただけだと呼び出すことができず「何も起きない」ので、一般的には定義と同時に変数に記憶したり、他の関数の引数として利用します。変数に記憶した場合は、名前のある関数と同じように「変数名()」という形式で呼び出すことができます。

無名関数はJavaScriptに慣れてくると意外とよく使うのですが、いまは「名前のない関数も作れるらしい」くらいに覚えておけば大丈夫です。Chapter 7でイベントを設定する部分で実際に無名関数を使用しています(P.145参照)。

▶ 無名関数の定義と利用

```
var␣変数名␣=␣function␣(引数1,␣引数2,␣...)␣{
␣␣行いたい処理
␣␣return␣戻り値;
};
```

Chapter

5

繰り返し処理について学ぼう

プログラミングの世界では、同じ命令を繰り返して実行したい場面がよくあります。この章では、そんなときに便利な繰り返し処理の書き方と、その活用方法を学びます。

Lesson 29

[繰り返し処理の基本]

繰り返し処理とは何かを知りましょう

このレッスンのポイント

プログラミングの世界では、同じ命令を繰り返して実行したい場面がよくあります。こうした処理を「繰り返し処理」または「ループ処理」「反復処理」といいます。このレッスンでは、繰り返し処理の概要とその使い所を学びましょう。

繰り返し処理とは？

もし「会員1万人にメールを送信する」という作業をプログラムするにはどうすればいいでしょうか？ メールを送るプログラムを1万人分書くこともできますが、1人分の処理を10行で書けたとしても、1万人分で10万行以上の途方もないコード量になってしまいます。

そんなときに便利なのが、繰り返し処理です。「メールを送信する」作業を「1万人になるまで」繰り返すという具合に、**繰り返しを指示するプログラムが書ければ、コードがぐっと短くなり、読みやすくなります**。多くのプログラムには、こうした繰り返し処理を書くための構文が用意されています。

▶1万人にメールを送信する処理

```
繰り返す (1万人になるまで) {
    ① メールアドレスを送信先にセットする
    ② メールを送信する
}
```

メールの送信先は毎回異なるので、繰り返し回数に応じて異なるメールアドレスを取得する処理も同時に行っています。

繰り返し処理で辞書を引く

繰り返し処理は意外なところでも用いることができます。例えば「辞書を引く」作業も繰り返し処理で行うことができます。紙の国語辞典をイメージしてください。調べる言葉を決めたら、まず辞書全体のまん中あたりを開いてみます。辞書は50音順に並んでいるので、調べたい言葉が開いたページより後にあるか、前にあるか判断することができます。ここで調べたい言葉がある、残りページ全体のまん中あたりを開きます。これを数回繰り返すと、目的の言葉のあるページに簡単にたどり着くことができます。「辞書を引く」という作業は一見繰り返しと無縁に感じますが、このような日常的な作業も、繰り返し処理で表現することができます。

▶辞書を引く処理

```
繰り返す（見つかるまで）{
  ① 残されたページのまん中を開く
  ② 調べたい言葉の載っていない半分のページを、検索対象から外す
}
```

繰り返し処理の終わり方

便利な繰り返し処理ですが、必ずどこかで終了する必要があります。
メール送信の例では「（送信数が）1万人になるまで」、辞書を引く例では「見つかるまで」という具合に、繰り返しを継続する条件を指定しましたね。
繰り返し処理では、処理を1回行うたびに、継続する条件を確認して、条件を満たさなくなったら、処理を終了するようにできています。
さて、次のレッスンからは、JavaScriptの繰り返し処理の記述方法を具体的に学んでいきましょう。
JavaScriptでは、汎用的な繰り返し処理ができる「while文」と、繰り返し回数が決まっているときに便利な「for文」の2種類がよく使われます。本書でもこれらを中心に学んでいきます。

▶繰り返し処理の流れ

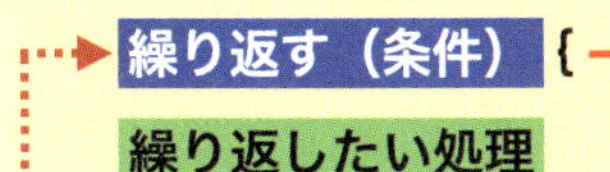

繰り返し処理を用いるときは、「繰り返す条件」と「終了するタイミング」を必ず考えるようにします。

Lesson 30 [while文]

条件に応じた繰り返しを書いてみましょう

このレッスンのポイント

繰り返し処理の概要は理解できましたか？ このレッスンから、実際に繰り返し処理を記述していきましょう。あらゆる繰り返し処理の基本となるのがwhile文です。while文は、繰り返しの条件が満たされているかぎり、繰り返し処理を継続します。

while文の書き方

繰り返し処理は、事前に繰り返すべき回数がわからない場合があります。例えば「汚れが消えるまで拭く」という繰り返し処理の場合、繰り返す回数ではなく、「汚れが消えるまで」という条件で繰り返し処理を続けたいですよね。そんな条件に応じた繰り返し処理を記述できるのがwhile文です。

条件は、if文のときと同じように、条件式を用いて指定することができます。whileの後の( )で指定した条件式が真であるかぎりブロック{ }内の処理を繰り返し行います。

▶ while文の構文

条件式

```
while␣(year␣<=␣2000)␣{
␣␣行いたい処理
}
```

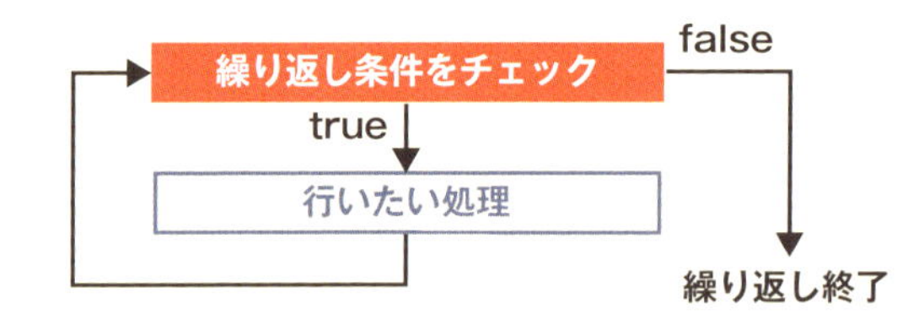

▶ プログラムのイメージ

```
while␣(汚れが消えるまで)␣{
␣␣拭く;
}
```

while文で繰り返し処理を終了するには、繰り返し処理が行われていく中で条件式が「偽:false」になる必要があります。

Chapter 5 繰り返し処理について学ぼう

最低1回は繰り返すdo...while文

while文では、条件式が最初から「偽」だった場合、一度も繰り返し処理が実行されませんが、最低でも1回以上繰り返したいときには「do...while文」を使用します。do...while文では、最初に一度{}内の処理を実行した後に、さらに処理を繰り返すかどうか、条件式で判断します。

▶ do...while文の構文

```
do␣{
␣␣行いたい処理
}␣while␣(year␣<=␣2000);
```

条件式

無限ループには要注意

while文では条件式が偽にならなければ繰り返し処理が終了しません。誤って絶対に偽にならない条件式を指定してしまい、繰り返し処理が終了しない状態を「無限ループ」といいます。

無限ループになると、プログラムが繰り返し処理が続いてそこから先に進めなくなってしまいます。while文を使用するときは無限ループにならないように、繰り返し処理の中で条件が「偽:false」に変化するようにプログラムを記述する必要があります。

▶ 無限ループ

繰り返しが終わらないので
いつまでたっても
次の文に進まない

次の文

無限ループに陥るとCPUの負荷が高まってファンが猛烈に回転し始めたりします。無限ループの処理を終了するには、ブラウザでそのWebページを閉じるしかありません。

オリンピックイヤーを表示してみる

1 while文で繰り返し処理を書く 05/while/practice/js/app.js

while文を用いて、2000年から2100年までのオリンピックイヤーを表示してみましょう。

オリンピックは現在、夏季大会は西暦で4の倍数の年、冬季大会は4の倍数でない偶数の年で2年ずらして開催されるので、2年に一度開催されることになります。今回は、2000年~2100年までのオリンピックを、年号と、夏季・冬季の種類をあわせて表示するプログラムを記述してみましょう。

それでは、このレッスンのapp.jsファイルをBracketsで開いて、以下のプログラムを記述してください。

年数を記憶する変数yearを定義して開始年の2000を代入します❶。次に2100以下を条件とするwhile文を書き、ブロック内でyearに2を加えます❷。

```
001 var␣year␣=␣2000;
002 while␣(year␣<=␣2100)␣{
003 ␣␣year␣=␣year␣+␣2;
004 }
```

❶ 変数を定義

❷ while文を書く

Point このwhile文でやっていること

2000年から2100年までのオリンピックを表示するので、その年を格納する変数yearを準備します。次に、yearが2100を超えるまで繰り返し処理が行われるよう、while文を記述します。

オリンピックは夏冬あわせて2年ごとに開催されるので、繰り返し処理の中で、yearの値が2ずつ増えるようにプログラムを記述します。

2 夏季と冬季の出し分け処理を書く

続いて、オリンピックの年号と夏季・冬季の種類をあわせて表示するプログラムを記述します。
夏季オリンピックは4の倍数、冬季オリンピックはそれ以外のときに開催されるので、if文で出し分けの処理を記述します❶。

if文の条件式「year % 4」は、yearを4で割ったときの余り（剰余）を表します。夏季オリンピックが開催される4の倍数の年なら値が0となり、if文の条件式としては偽と判定され、冬のオリンピックのときには真と判定されます。

```
001 var␣year␣=␣2000;
002 while␣(year␣<=␣2100)␣{
003 ␣␣if␣(year␣%␣4)␣{
004 ␣␣␣␣console.log(year␣+␣'：冬季オリンピック');
005 ␣␣}␣else␣{
006 ␣␣␣␣console.log(year␣+␣'：夏季オリンピック');
007 ␣␣}
008 ␣␣year␣=␣year␣+␣2;
009 }
```

❶ 夏季・冬季を表示

3 プログラムの動作を確認する

プログラムが完成したら、上書き保存して、ブラウザで動きを確認してみましょう。問題なければオリンピックの開催年が一覧表示されます。

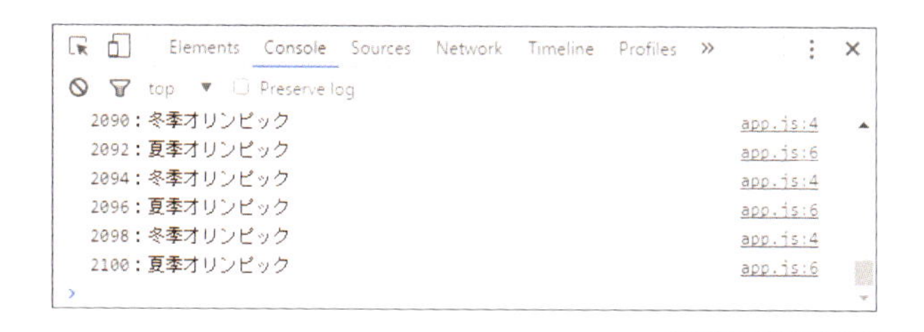

条件分岐や繰り返し処理を組み合わせることで、どんどん実用的なプログラムが記述できるようになってきましたね。

Lesson 31 [for文]

回数の決まった繰り返しを書きましょう

このレッスンのポイント

while文ができれば繰り返し処理の基本はバッチリです。次は、while文に比べて回数の決まった繰り返しを書くのに便利な「for文」を学習していきましょう。繰り返し条件の他に初期値なども指定するので書き方がちょっと複雑ですが、非常によく使います。

for文の書き方

while文と比較して、回数の決まった繰り返し処理を書くのに便利なのがfor文です。
以下の例文では「100回繰り返す」というfor文を表しています。なぜそのようになるのか、具体的に見ていきましょう。**一般的なfor文では、カウント用変数（例文中の変数「var i = 1;」）を用意して、その値を繰り返し処理を行うごとに1ずつカウントアップ（例文中の「i++」）します**。そして、条件式（例文中の「i < 100;」）が「偽:false」になった時点で繰り返し処理を停止します。

下の例では、カウント用変数iの値が1からはじまり、ブロック{ }内の処理を繰り返すたびに、iの値を1ずつ増しています。そして、iの値が100になると、繰り返し処理が終了します。
このようにfor文では、カウント用変数を用いるので、回数の決まった繰り返し処理と相性がいいのです。
ちなみに「i++」は変数iの値を1増やすという意味で「i=i+1」と同じ働きをします。**この「++」はインクリメント演算子と呼ばれます**。

▶ for文の構文

カウント用変数の初期化　繰り返し条件式　カウントを増やす式

```
for(var␣i␣=␣1;␣i␣<=␣100;␣i++)␣{
␣␣行いたい処理
}
```

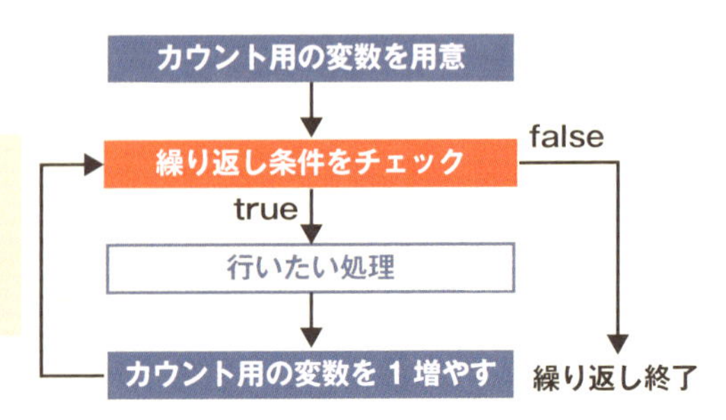

「こんにちは」を100回表示してみる

1 for文で繰り返し処理を書く 05/for/practice/js/app.js

さっそくfor文を試してみましょう。今回は「こんにちは」をコンソールに100回表示するプログラムを書いてみたいと思います。単にこんにちはを表示するだけでは味気ないので、現在の繰り返し回数も合わせて表示してみましょう。

それでは、このレッスンのapp.jsファイルをBracketsで開いて、以下のプログラムを記述して上書き保存してください❶。

```
001 for(var i = 1; i <= 100; i++) {
002   console.log(i + '回目の「こんにちは」');
003 }
```

❶ for文を書く

カウント用の変数名は何でもいいのですが、慣習的に「i」「j」「k」などのアルファベット1文字がよく使われます。

Point このfor文でやっていること

カウント開始数は「i = 1;」、終了の条件式は「i <= 100;」、「カウントを増やす処理」は「i++」としているので、iが1から100までカウントされる間、つまり100回処理が繰り返されます。{}内には「こんにちは」という文字列と一緒に、そのときのiの値がコンソールに表示されるように、プログラムを記述しています。

2 プログラムを実行する

プログラムが完成したら、ブラウザで結果を確認してみましょう。正しく入力できていれば、コンソールに100回「○○回目の『こんにちは』」と表示されるはずです。

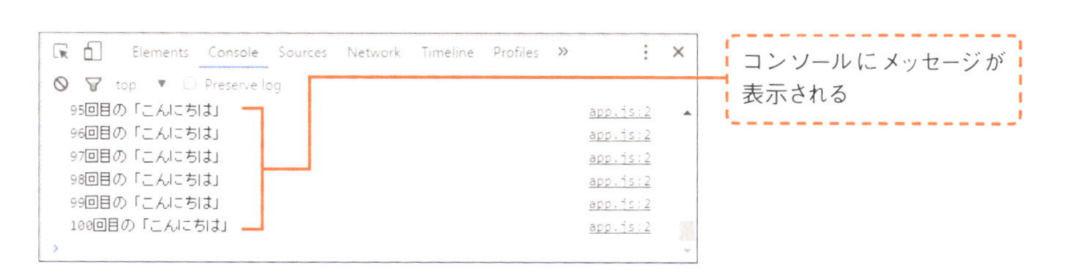

Lesson 32

[実践:繰り返し処理]

ジャンケンゲームで連勝回数を表示しましょう

このレッスンのポイント

繰り返し処理は理解できましたか？ このレッスンでは繰り返し処理のまとめとして、Chapter 4で作成したジャンケンゲームに連勝回数を表示する機能を付けてみたいと思います。既存のプログラムに繰り返し処理を組み合わせることで、理解を深めましょう。

完成をイメージしよう

今回は、Chapter 4で作成したジャンケンゲームに連勝回数を表示する機能を付けたいと思います。

具体的には「負けるまで勝負を繰り返す処理」と「連勝をカウントして表示する処理」を付けていきます。

▶サンプルプログラムの改造プラン

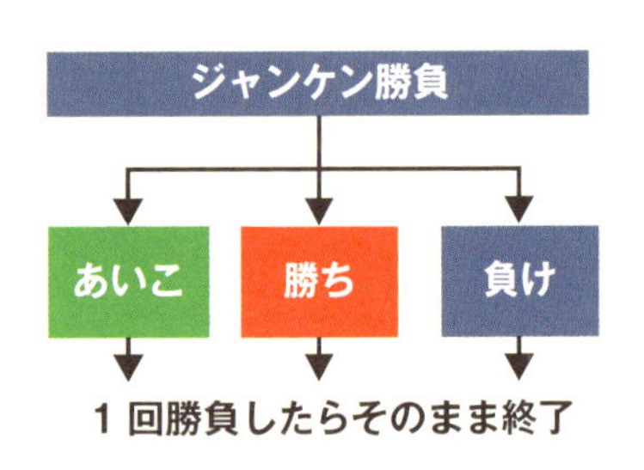

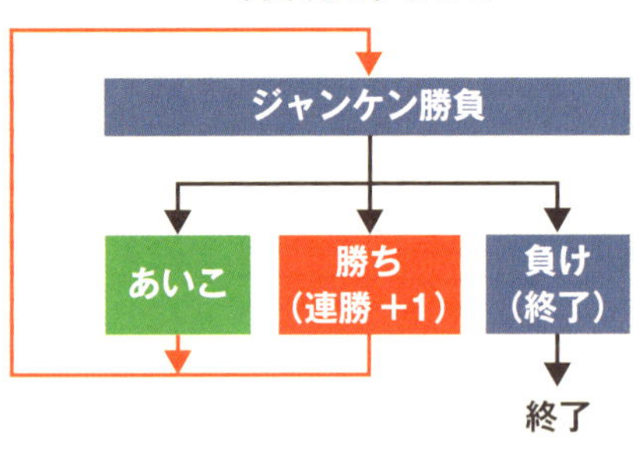

勝っている間は繰り返すので、繰り返しの条件は「負けるまで」になりますね

ジャンケンゲームで連勝回数を表示する

1 janken()に戻り値を設定する

05/janken/practice/js/app.js

それでは、このレッスンのapp.jsファイルをBracketsで開いてください。Chapter 4で作成したジャンケンプログラムが記述されていますので、これを修正していきましょう。
Chapter 4で作成したジャンケンゲームは関数「janken()」を呼び出すことで使用できましたが、janken()には戻り値が設定されていないので、そのまま利用しても勝負に勝ったのか負けたのか判断することができません。そこでまずはjanken()に勝敗がわかる戻り値を設定しましょう。
勝敗の結果を関数「getResult()」で取得し、その値をreturn値に設定します❶。またjanken()を実行している関数は繰り返し処理の中で書き直すので、いったん消しておきましょう❷。

```
001 function janken () {
        ……中略……
058     var com = getComHand();
059     return getResult(com, hum);   ← 1 結果を求める
060   }
061 }
062
063 janken();   ← 2 この行は削除
```

2 while文で繰り返し処理を記述する

続いて、繰り返し処理を記述していきます。まずは、連勝数をカウントするための変数「win」と、負けたかどうかを記憶するための変数「isLose」を宣言します❶。
次に、while文で繰り返し処理を表し、先に宣言した変数「isLose」が真にならないかぎり、繰り返し処理を続けるように条件式を書きます❷。

```
062
063 var win = 0;            ┐
064 var isLose = false;     ┘ 1 変数を定義
065 while (!isLose) {       ┐
066                         │ 2 while文を追加
067 }                       ┘
```

Chapter 5 繰り返し処理について学ぼう

NEXT PAGE →

3 勝敗に応じて条件分岐を記述する

そして最後に、繰り返し処理の中身を記述していきます。繰り返し処理では、まずjanken()を実行して❶、その結果に応じて条件分岐を行います。

あいこの場合は、continue文でその後の処理をスキップして、次の繰り返しに移ります❷。勝ちの場合には、++演算子で変数winを1増やし、これまでの連勝数を表示して、次の繰り返しに移ります❸。それ以外は負けの場合になるので、連勝数を表示して、繰り返し処理が終了するよう「isLose」の変数値をtrueに変更します❹。

```
065 while␣(!isLose)␣{
066 ␣␣var␣result␣=␣janken();
067 ␣␣if␣(result␣===␣'結果はあいこでした。')␣{
068 ␣␣␣␣continue;
069 ␣␣}
070 ␣␣if␣(result␣===␣'勝ちました。')␣{
071 ␣␣␣␣win++;
072 ␣␣␣␣alert('ただいま「'␣+␣win␣+␣'」勝です。');
073 ␣␣␣␣continue;
074 ␣␣}
075 ␣␣alert('連勝はストップです。記録は「'␣+␣win␣+␣'」勝でした。');
076 ␣␣isLose␣=␣true;
077 }
```

1 関数を呼び出し (066)
2 あいこの処理 (067–069)
3 勝ちの処理 (070–074)
4 負けの処理 (075–076)

Point このwhile文の流れ

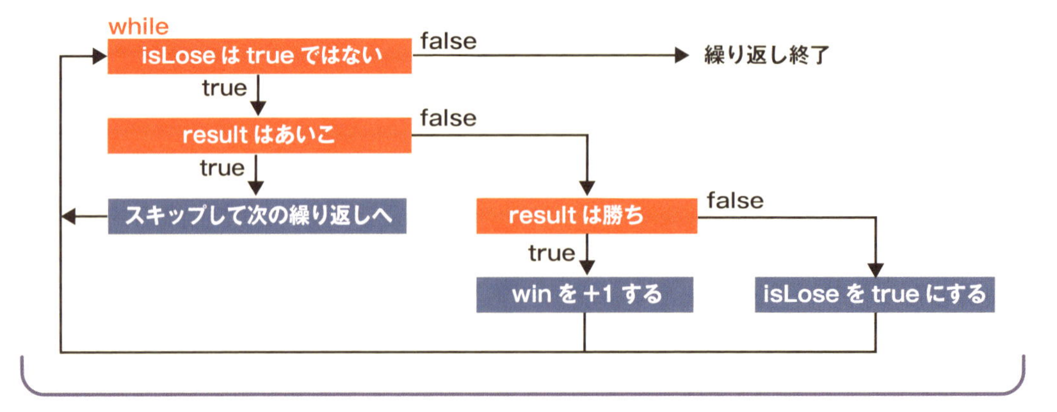

4 プログラムを動作確認する

プログラムが完成したら、上書き保存して、ブラウザで動きを確認してみましょう。間違いなく変更できていれば、負けるまでジャンケンが繰り返されます。

うまく動きましたか？ ここまでできれば繰り返し処理の基本はバッチリです。

ワンポイント 返し処理の中断（break文）

「汚れが消えるまで拭く」プログラムを考えたとき、もし汚れが強力で、いくら吹いても落とすことができないとしたら、このプログラムは無限ループになってしまいますよね。こうしたケースも含めて、繰り返し処理を途中で中断したいときに便利なのが「break文」です。「break文」は以前、switch文のレッスンで処理を中断するために使いましたが、while文やfor文などの繰り返し処理の中断にも使うことができます。以下の例では「汚れが消えるまでこする」プログラムが無限ループにならないよう「効果がない」と判断された時点でbreak文を使い、繰り返し処理を中断しています。

```
while␣(汚れが消えていない)␣{
␣␣拭く;
␣␣if␣(効果がない)␣{
␣␣␣␣break;……………… 繰り返し処理を中断
␣␣}
}
```

ワンポイント 繰り返しをスキップする（continue文）

繰り返し処理全体は中断したくないけれど、今回の処理はスキップしたい、という場合に使用するのがcontinue文です。
今回も「汚れが消えるまで拭く」プログラムを例に考えてみましょう。このプログラムを実行したところ、連続して拭く処理を行うと、摩擦熱で素材が傷んでしまうことがわかったとします。そこでプログラムを改善して、摩擦で熱いときには休憩を入れて処理をスキップするようにしました。continue文をうまく使うことで、繰り返し処理の条件をさらに細かく設定することができます。

```
while␣(汚れが消えていない)␣{
␣␣if␣(摩擦で熱い)␣{
␣␣␣␣10秒休む;
␣␣␣␣continue;………… while文の先頭にジャンプ
␣␣}
␣␣拭く;
}
```

Chapter

6

HTML/CSSを操作する方法を学ぼう

JavaScriptを使ってHTMLやCSSを操作してWebページのコンテンツを変更するには、「DOM（ドム）」を利用します。DOMを理解するために「オブジェクト」から順に学びましょう。

Lesson 33 ［オブジェクトの概要］

オブジェクトとは何かを知りましょう

このレッスンのポイント

HTMLやCSSを操作するには「オブジェクト」という概念の理解が必要です。このレッスンでは「オブジェクト」の意味と、一緒に使われることの多い「プロパティ」「メソッド」という言葉を理解できるようにしましょう。

オブジェクトとは？

「オブジェクト」とは、変数や関数などのデータを扱いやすくまとめたものです。
例えば「車」に関するプログラムを作りたいとき、さまざまなデータをバラバラに管理するのは大変ですよね。そんなときに便利なのがオブジェクトです。車には「定員数」「車種」「色」などの情報や、「エアコン」「オーディオ」などの構成物、「走る」「曲がる」「止まる」といった機能があります。こうした車に関するデータをまとめて「車オブジェクト」というものを作ることができます。オブジェクトの持つデータを、そのオブジェクトの「プロパティ（所有物や特性）」といい、プロパティのうち、オブジェクトに対する操作を記述した関数を「メソッド」といいます。

▶ 車オブジェクト

オブジェクト

- 定員数
- 車種
- 色
- エアコン
- オーディオ
- 走る（）
- 曲がる（）
- 止まる（）

プロパティ

メソッド

オブジェクトを利用する

せっかくオブジェクトを作っても、実際に利用できなければ意味がありません。
先ほどの「車オブジェクト」は、自分に関連するデータ（プロパティ）を持っていて、その中には「走る」「曲がる」「止まる」といった操作（メソッド）も含まれています。

こうしたオブジェクトの持つプロパティを利用するには「オブジェクト名.プロパティ名」という形でドット記号「.」でつないで記述します。
例えば「車オブジェクト」に右に曲がってほしいときには「車.曲がる(右)」という具合にプログラムを書くことができます。

オブジェクトとプロパティの構文

```
element.innerHTML
```

オブジェクト名　プロパティ名

実際のオブジェクトやプロパティ、メソッドの名前は英語ですが、ここでは書き方のイメージをつかんでください。

プロパティの書き方のイメージ

```
// 右に曲がってほしいとき
車.曲がる(右);

// 定員数を教えてほしいとき
車.定員数;
```

オブジェクトの中のオブジェクト

車オブジェクトのプロパティには「エアコン」や「オーディオ」が含まれていますが、これらもそれぞれ操作できるオブジェクトです。オブジェクトの中にオブジェクトがある場合、例えば、エアコンオブジェクトの持つ「温度調整()」というメソッドを利用するには、「車.エアコン.温度調整()」という具合に書きます。

車に付いているエアコンの温度を28度にしたい場合は？

```
車.エアコン.温度調整(28);
```

Lesson 34

[windowオブジェクト]

Webページとオブジェクトの関係について知りましょう

このレッスンのポイント

JavaScriptでは、ブラウザに関するあらゆるデータをまとめた「windowオブジェクト」がはじめから用意されています。windowオブジェクトを利用すると、現在表示しているWebページのHTMLやCSSの情報を取得したり、操作したりすることができます。

windowオブジェクトがすべての起点になる

JavaScriptでは、**ブラウザのウィンドウ自体を表す「windowオブジェクト」がはじめから用意されており**、windowオブジェクトを使ってブラウザの機能やWebページのデータにアクセスしたり、操作を行ったりすることができるようになっています。windowオブジェクトのプロパティには、Webページの情報をまとめた「documentオブジェクト」や、コンソールを表す「consoleオブジェクト」など、ブラウザを構成するあらゆるデータが含まれています。

▶ windowオブジェクトとブラウザの対応

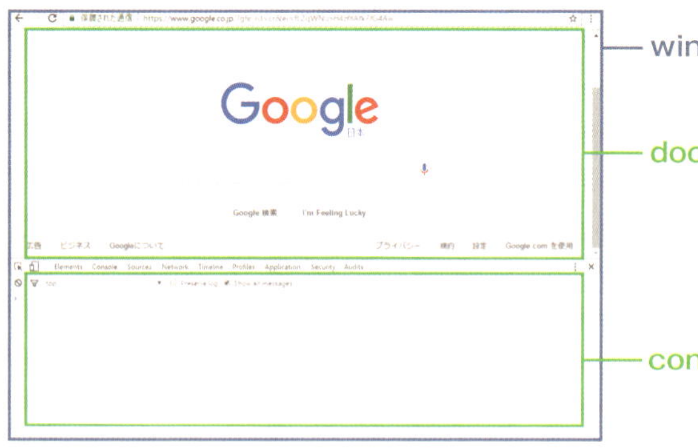

JavaScriptで利用できる多くの機能がwindowオブジェクトによって提供されています。

「window.」は省略できる

windowオブジェクトは、他のオブジェクトと同様に「オブジェクト名.プロパティ」の形で利用することができますが、常に利用されるオブジェクトなので「window.」を省略可能になっています。実は、過去のレッスンで利用した「console.log()」や「alert()」などの関数も、windowオブジェクトから提供されているものなんです。

▶「window」は省略できるので、どちらも同じ結果になる

```
console.log('Hello World');
window.console.log('Hello World');
```

「window.」は省略できることを覚えておきましょう。

Webページもオブジェクトの集まり

Webページに関する情報は、「documentオブジェクト」にまとめられています。documentオブジェクトのプロパティには、Webページを構成する要素を表す「elementオブジェクト」や、それらを操作するメソッドが含まれています。JavaScriptでは、このdocumentオブジェクトを利用することで、WebページのHTML/CSSを自由に操作することができます。

▶ブラウザとWebページを表すオブジェクト

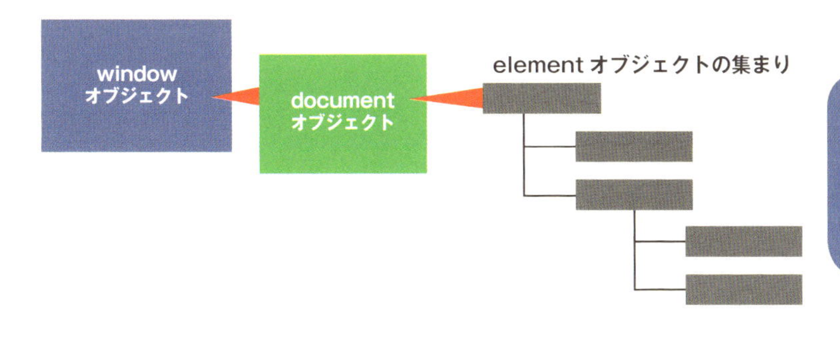

表示中のWebページに関するデータは、documentオブジェクトからアクセスして、操作することができます。

Lesson 35

[DOM操作:内容の書き替え]

HTMLの要素の内容を変更してみましょう

このレッスンのポイント

ブラウザで表示しているHTML文書の情報は、windowオブジェクトのプロパティであるdocumentオブジェクトから利用することができます。このレッスンでは、documentオブジェクトからHTML要素を取り出して、実際にその内容を変更してみましょう。

HTMLを操作するときは「DOM」という仕組みを利用する

documentオブジェクトのプロパティには、ブラウザで表示しているHTML文書の情報と、それらを利用するためのさまざまなメソッドが用意されています。このように、オブジェクトを通じてHTML文書にアクセスするための仕組みを、専門用語で「DOM (Document Object Model)」といいます。

DOMはHTML文書の構造を、オブジェクトをツリー状につなげた構造で表したものです。JavaScriptでHTML文書を操作することを「DOM(ドム)を操作する」ともいうので、あわせて覚えておくといいでしょう。

▶ DOMの構造

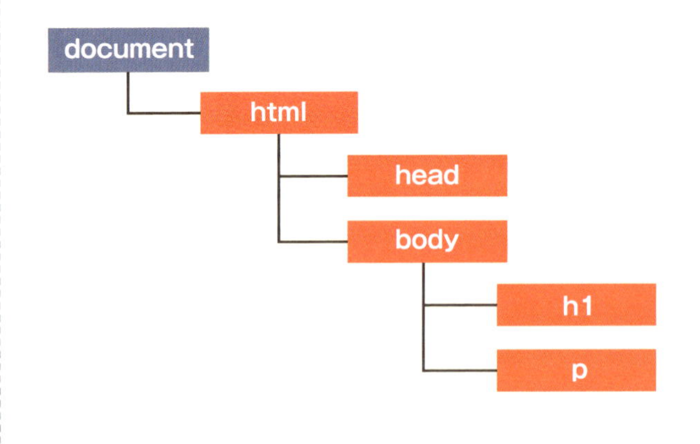

HTMLの要素だけでなく、テキストやコメントもDOMを構成するオブジェクトです。

特定のIDを持つHTML要素を取得する

HTML要素の内容を変更するには、まず変更したいHTML要素をオブジェクトとして取得する必要があります。**特定の要素をオブジェクトとして取得するにはgetElementByIdメソッドが便利です**。このメソッドは名前の通り、HTML要素が持つid属性の値を手がかりに、HTML要素を取得します。

▶ getElementByIdメソッド

```
var˽element˽=˽document.getElementById('sample');
```

element：オブジェクトを入れる変数
'sample'：id属性の値

▶ id="sample"の要素を取得する例

HTML

```
<!--˽取得する要素˽-->
<div˽id="sample">サンプル</div>
```

JavaScript

```
//˽id="sample"の要素を取得して変数elementに代入
var˽element˽=˽document.getElementById('sample');
```

HTML要素の内容を書き替える

取得したHTML要素の内容は「innerHTML」というプロパティで確認することができます。内容を書き替えるには、この「innerHTML」の値を上書きして変更すればOKです。内容は文字列で、HTMLと同じ形式で記述できます。

▶ innerHTMLプロパティ

```
element.innerHTML˽=˽' サンプル ';
```

element：HTML要素
' サンプル '：書き替えたい内容

▶ id="sample"の要素の内容を「<p>こんにちは</p>」に書き替える場合

```
var˽element˽=˽document.getElementById('sample');
element.innerHTML˽=˽'<p>こんにちは</p>';
```

HTMLを書き替えてみる

1 HTMLファイルを編集する 06/change/practice/index.html

まずは、書き替えるHTML要素を準備しましょう。このレッスンのindex.htmlをBracketsで開いて、以下のコードを記述して上書き保存してください。bodyの開始タグの下にdiv要素を追記して、後からJavaScriptで操作できるよう、idを「"practice"」と指定しておきましょう❶。このファイルをブラウザで開くと「練習」と表示されます。

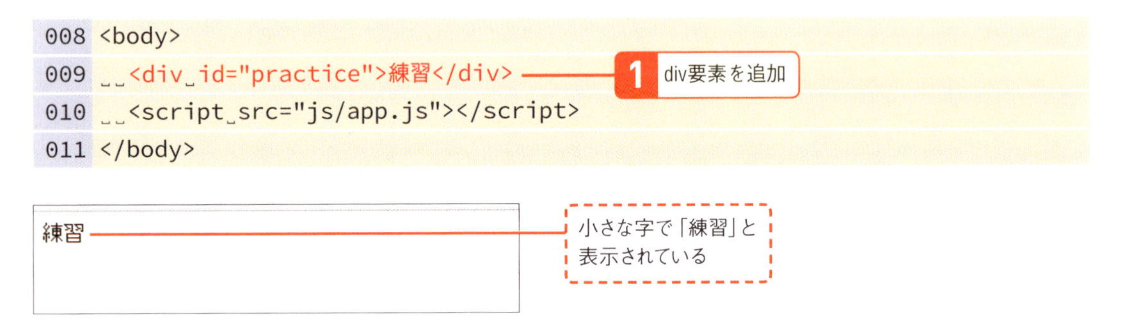

008 <body>
009 <div id="practice">練習</div>
010 <script src="js/app.js"></script>
011 </body>
1 div要素を追加
練習
小さな字で「練習」と表示されている

2 JavaScriptファイルを編集する 06/change/practice/js/app.js

次に、HTML要素の内容を書き替えるプログラムを記述していきましょう。このレッスンのapp.jsファイルをBracketsで開いて、以下のプログラムを記述してください。

1行目で、先ほどHTMLファイルに追記したdiv要素を、id属性の値を頼りに取得しています❶。2行目で、取得した要素の内容を示すinnerHTMLプロパティを書き替えています❷。

```
001 var practice = document.getElementById('practice');   ← 1 要素を取得
002 practice.innerHTML = '<h1>れんしゅう</h1>';           ← 2 内容を書き替え
```

3 プログラムが完成した

プログラムが完成したら上書き保存して、index.htmlを再読み込みしてみましょう。読み込み時にJavaScriptが実行された結果、「練習」という文字ではなく、h1要素の「れんしゅう」が表示されます。

れんしゅう

JavaScriptで文字が書き替えられた

Point innerHTMLにHTMLタグを代入すると要素になる

<h1>のようなHTMLタグを含む文字列をinnerHTMLに代入すると、ブラウザがタグを解釈して新しいHTML要素が作られます。そのまま「<h1>」と表示させたい場合は、innerTextプロパティを使用します。

ワンポイント オブジェクトの参照渡し

鋭い人は、HTML要素を変数から操作できることに疑問を持ったかもしれません。通常、変数に代入された値は「コピー」になるので、それを変更しても代入元に影響することはありません。しかし、HTML要素の場合、変数に代入された値を変更すると、コピー元のHTML要素も変更されました。

実はデータ型が「オブジェクト」のデータを変数に代入したときだけは、データがコピーされるのではなく、元のデータを参照するための情報が変数に記憶されます。そして、変数を使用して操作すると、元のオブジェクトが変更されます。

▶ 変数から代入元のオブジェクトを参照する

```
var practice = document.getElementById('practice');
```

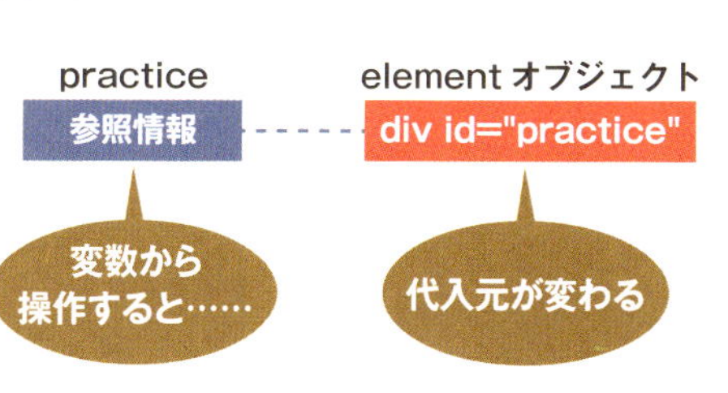

Lesson 36 [DOM操作:要素へのアクセス]

要素を自在に取得できるようになりましょう

このレッスンの
ポイント

要素の内容は変更できましたか？ 先のLesson 35ではid属性を元に要素を取得しましたが、特定のタグやclass名で要素を取得したいこともあると思います。このレッスンでは、そうした要素の取得方法を学び、要素を自在に取得できるようになりましょう。

CSSセレクタで要素を取得する

CSSでは装飾する要素を「セレクタ」を使って指定することができます。
JavaScriptで取得する要素を指定する場合も、このCSSセレクタを使用することができます。**CSSセレクタで1つの要素を取得するにはquerySelectorメソッドを使います**。HTML文書の先頭から順に探しはじめて、引数に指定したセレクタに最初にマッチした要素が取得されます。

▶ querySelectorメソッド

```
document.querySelector('.about');
```

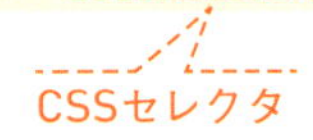

▶ クラス名と要素名を手がかりにして取得

```
<section˽class="about">
˽˽<h2>このサイトについて</h2>
˽˽<p>このサイトは...です。</p>
</section>
```

```
var˽element˽=˽document.querySelector('.about˽h2');
```

h2要素を取得

id属性で選択できない場合は、querySelectorメソッドが便利です。

ワンポイント 複数の要素を取得・操作する

JavaScriptには同時に複数の要素を取得するメソッドも用意されています。少し難しい内容になるので、コラムとして紹介します。

複数の要素を取得するメソッドとして、例えばquerySelectorAllメソッドを利用すれば、引数に指定したCSSセレクタにマッチするすべての要素を取得することができます。

このとき戻り値が、マッチした要素をまとめた「NodeListオブジェクト」になるので、要素を操作する際は、事前にNodeListオブジェクトから取り出す必要があります。

NodeListオブジェクトから要素を取り出すには、オブジェクト名の後に[ ]（角カッコ）を付けて、取り出したい要素の番号を指定します。番号は、0を先頭に、要素が見つかった順で振られています。

取得したすべての要素を操作するには、for文などの繰り返し処理を用います。

NodeListオブジェクトのプロパティ「length」の値を見ると、含まれている要素数を確認することができます。要素の番号がlengthの値未満になるようにfor文を記述することで、取得したすべての要素に処理を行うことができます。

▶ CSSセレクタが="a.button"の要素をすべて取得

```
var nodeList = document.querySelectorAll('a.button');
```

▶ 最初にマッチした要素を取得

```
var firstElement = nodeList[0];
```

▶ 取得したすべての要素をコンソールに表示

```
for (var i = 0; i < nodeList.length; i++) {
  console.log(nodeList[i]);
}
```

▶ 要素の取得に用いられるメソッド

メソッド	引数	戻り値
getElementById()	id属性値	Elementオブジェクト
querySelector()	CSSセレクタ	Elementオブジェクト
querySelectorAll()	CSSセレクタ	NodeListオブジェクト
getElementsByClassName()	クラス属性値	NodeListオブジェクト
getElementsByName()	name属性値	NodeListオブジェクト
getElementsByTagName()	タグ名	NodeListオブジェクト

Lesson 37

[DOM操作:CSSの変更]

要素のスタイルを変更してみましょう

このレッスンのポイント

Webページで要素の見た目を整える場合はCSSを利用しますが、JavaScriptでもstyleプロパティを使って変更できます。ここでは文字色や文字サイズなどの基本的な変更のみを説明しますが、CSSの知識があればもっと複雑なスタイル変更も可能です。

要素のスタイルを変更する

JavaScriptから要素のスタイルを変更したい場合、各要素が持つstyleプロパティを利用します。styleプロパティにはCSSの情報を管理するオブジェクトが代入されており、そのオブジェクトがCSSプロパティとほぼ同名のプロパティを持っています。それらに代入することで、CSSプロパティを上書きすることができます。

▶ styleプロパティ

```
element.style.color = '#FF0000';
```

要素　CSSプロパティ名　プロパティ値

▶ id="sample"のHTML要素の文字色を「#FF0000」に変更

```
var element = document.getElementById('sample');
element.style.color = '#FF0000';
```

JavaScriptではプロパティ名にハイフン「-」が使用できないので、「backgroud-color」のようなハイフンが入るCSSプロパティの場合は名前が変更されています。

要素のスタイルを変更してみよう

1 JavaScriptファイルを編集する 06/change/practice/js/app.js

前回のレッスンで使用したapp.jsを編集して、テキストと背景色のスタイルを変更してみましょう。app.jsファイルをBracketsで開いて、要素のスタイルを変更する文を追加します❶。

```
001 var practice = document.getElementById('practice');
002 practice.innerHTML = '<h1>れんしゅう</h1>';
003 practice.style.backgroundColor = '#999999';
004 practice.style.fontSize = '30px';
005 practice.style.color = '#FFFFFF';
```

❶ スタイルを変更

Point ハイフン「-」の書き替え

ハイフンを含むCSSプロパティは、JavaScriptではハイフンを外してその後の単語の頭文字を大文字にします。「backgroud-color」は「backgroudColor」に、「font-size」は「fontSize」になります。

2 プログラムが完成した

プログラムが完成したら、内容を上書き保存して、index.htmlをブラウザで開いて動作を確認しましょう。文字サイズが30pxになり、背景がグレーの白抜き文字になります。

れんしゅう

「#999999」は濃いグレー
「#ffffff」は白を意味します。

Lesson 38 [DOM操作：要素の追加]

要素を追加してみましょう

このレッスンのポイント

これまでは、すでに存在する要素の内容やスタイルを変更してきましたが、JavaScriptでは新たに要素を作って追加することもできます。このレッスンでは、要素を追加するcreateElementメソッドやinsertBeforeメソッドの使い方を学んでいきましょう。

要素を作って属性と内容を設定する

HTMLの要素は「タグ」と「属性」と「内容」の3つで構成されていましたね。

まず、タグだけが指定された要素を作るには、createElementメソッドを使い、引数に作りたい要素のタグ名を指定します。次に属性を指定するためには、setAttributeメソッドを使用します。引数には、設定したい属性名と、その値を指定します。最後に、内容を設定するには、Lesson 35で学んだinnerHTMLプロパティを使用します。

▶ createElementメソッド

```
var element = createElement('h1');
```

変数　　タグ名

▶ setAttributeメソッド

```
element.setAttribute('id','first');
```

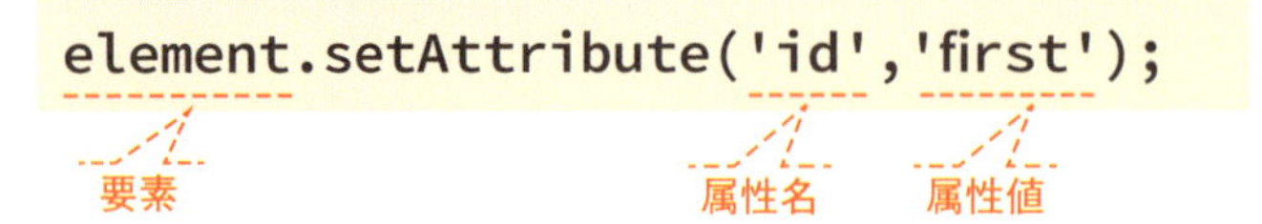

1つ目の引数を「第1引数」、2つ目の引数を「第2引数」と呼びます。

新しい要素をHTML文書に追加する

createElementメソッドで作成した要素は、まだどこにも所属していない宙ぶらりんの状態です。Webページに表示するには、要素をHTML文書に追加する必要があります。

要素を追加するにはinsertBeforeメソッドを使用します。要素は親要素の子になり、第2引数で指定したターゲット要素の前に追加されます。最後の子要素にしたい場合は第2引数を「null」にします。

▶ insertBeforeメソッド

```
element.insertBefore(newelement, targetelement)
```

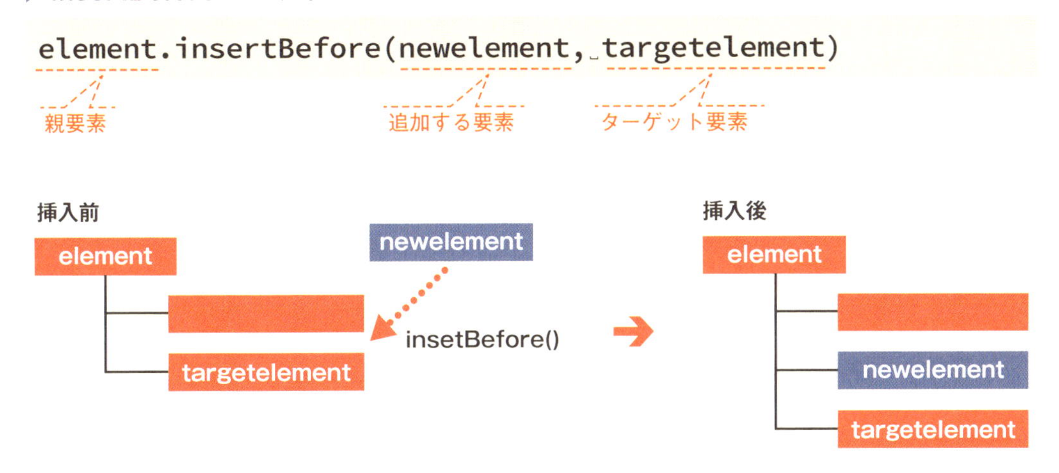

nullは「オブジェクトの値が存在しないこと」を表す特殊な値です。関数／メソッドの引数にnullを指定した場合、「その引数に指定するものはないよ」と伝えていることになります。

ワンポイント Webページを構成する最も基本的な単位「ノード(Node)」とは？

DOMの観点で、Webページを構成する最も基本的なオブジェクトを「ノード：Node」といいます。要素や、属性、内容となるテキストなどもノードです。本書で「要素」として説明している部分は、書籍によっては「ノード」と説明している場合もありますが「要素はノードの一種なので、どちらの説明も正しい」と覚えておけば、混乱なく理解することができます。あわせて覚えておくといいでしょう。

NEXT P

要素を追加してみよう

1 JavaScriptファイルを編集する 06/change/practice/js/app.js

前回のレッスンで使用したapp.jsを編集して、新しい要素を追加してみましょう。先に取得した「practice」の要素の子要素として、新たに作成した要素を追加します。

まずdiv要素を作成して、変数firstに代入しています❶。次に、内容や属性を設定します❷。最後にdiv要素をHTML文書に追加します❸。ここではinsertBeforeメソッドの第2引数を「null」にしているので、親要素の最後の子要素になります。

```
001 var practice = document.getElementById('practice');
002 practice.innerHTML = '<h1>れんしゅう</h1>';
003 practice.style.backgroundColor = '#999999';
004 practice.style.fontSize = '30px';
005 practice.style.color = '#FFFFFF';
006
007 // 要素を追加します
008 var first = document.createElement('div');
009 first.setAttribute('id', 'first');
010 first.innerHTML = '<p>要素を追加</p>';
011 practice.insertBefore(first, null);
```

1 新しいdiv要素を作成
2 属性と内容を設定
3 要素をHTMLに追加

れんしゅう

要素を追加

2 さらに要素を追加する

追加した要素の前にさらに要素を追加してみましょう。新しい要素を作成して属性と内容を設定します❶。insertBeforeメソッドの第2引数に先ほど追加した「first」を指定して、「first」の前に要素が追加されるようにします❷。

```
007 //␣要素を追加します
008 var␣first␣=␣document.createElement('div');
009 first.setAttribute('id','first');
010 first.innerHTML␣=␣'<p>要素を追加</p>';
011 practice.insertBefore(first,␣null);
012
013 //␣さらに要素を追加します
014 var␣second␣=␣document.createElement('div');
015 second.setAttribute('id',␣'second');
016 second.innerHTML␣=␣'<p>さらに要素を追加</p>';
017 practice.insertBefore(second,␣first);
```

1 要素を作成

2 要素を追加

3 プログラムが完成した

プログラムが完成したら、内容を上書き保存して、index.htmlをブラウザで開いて動作を確認しましょう。要素が2つ追加されていれば成功です。

要素は追加できましたか？　CSSの変更や要素の追加を利用すれば、ユーザーの操作に合わせた画面の表示切り替えもできるようになりますね。

Lesson 39

[DOM操作:要素の削除]

要素を削除してみましょう

このレッスンのポイント

要素の変更、追加ときたら、最後は「削除」ですね。このレッスンを終えれば、HTML/CSSの基本操作をひと通りできるようになります。この章で学んだことを整理しながら、プログラムを記述していきましょう。HTML/CSSの操作は、この後の章でより実践的に利用していきます。

要素を削除するにはまず親要素を探す

要素を削除するには、まず削除したい要素の親要素を取得する必要があります。**親要素のオブジェクトを取得するにはparentElementプロパティを使用します**。

親要素のオブジェクトが取得できたら、**子要素を削除することができるremoveChildメソッドを利用します**。引数には、削除したい要素のオブジェクトを指定します。

▶ parentElementプロパティ

```
var parent = targetelement.parentElement
```

parent：親要素を代入する変数
targetelement：子要素

▶ removeChildメソッド

```
parent.removeChild(targetelement);
```

parent：親要素
targetelement：削除したい要素

削除したい要素の親要素がわからない場合は、parentElementプロパティから取得することができます

要素を削除してみよう

1 JavaScriptファイルを編集する 06/change/practice/js/app.js

Lesson 38で使用したapp.jsを編集して、追加した要素を削除してみましょう。app.jsファイルをBracketsで開いて、以下の記述を追加してください。
今回は、最初に追加した「first」の要素を削除してみます。
要素を削除するには、削除したい要素と、その要素の親要素の情報が必要です。今回は「first」の親要素が「practice」とわかっていますが、親要素がわからない場合も調べられるように、練習も兼ねて「first」から親要素の情報を取得します❶。親要素の情報が取得できたら、親要素の持つremoveChildメソッドで要素を削除します❷。

```
017 practice.insertBefore(second, first);
018
019 // 要素を削除します
020 parent = first.parentElement;
021 parent.removeChild(first);
```

1 親要素を取得
2 要素を削除

2 プログラムが完成した

プログラムが完成したら、内容を上書き保存して、index.htmlをブラウザで開いて動作を確認しましょう。Lesson 38で追加したはずの「要素を追加」という文字が消えています。

れんしゅう

さらに要素を追加

お疲れさまでした。
これで、HTML/CSS操作の基本は終了です。

ワンポイント ブラウザごとにDOMに微妙な違いがある

実は、DOMはJavaScriptの言語仕様として決められたものではなく、ブラウザによって提供される仕組みです。そのため、ブラウザによって一部のメソッドやプロパティが利用できなかったり、挙動が違ったりする場合があります。本書では、Chromeをはじめとした主要なブラウザで利用できるものを厳選して学んでいきます。
そのため、HTML/CSSを操作するプログラムを書くと、ブラウザによってはうまく動かないというケースが出てきます。
でも、ブラウザの違いを調べながらプログラムを書くのは大変ですよね。そんなときに便利なのが、ブラウザ間の違いを修正してくれる「ライブラリ」です。ライブラリとは、汎用性の高いプログラムを再利用しやすくまとめたもので、中にはブラウザ間の違いを修正してくれるものもあります。本書でも、ブラウザ間の違いを吸収しつつ、便利な機能を提供してくれるライブラリ「jQuery」を扱います。
jQueryはGoogleやYahoo! などのサイトでも利用され、JavaScriptを扱う人なら必ず知っているといってもいいほど人気の高いライブラリです。
この章ではライブラリに頼らずHTML/CSSを操作する方法を学びますが、複雑な操作を行う際は「jQuery」などのライブラリを使用するほうが、ブラウザごとの違いに対応することもでき、より一般的です。どちらも重要な知識なので、後のChapter 10では、jQueryを利用したHTML/CSSの操作方法も学んでいきます。

▶ Can I use...

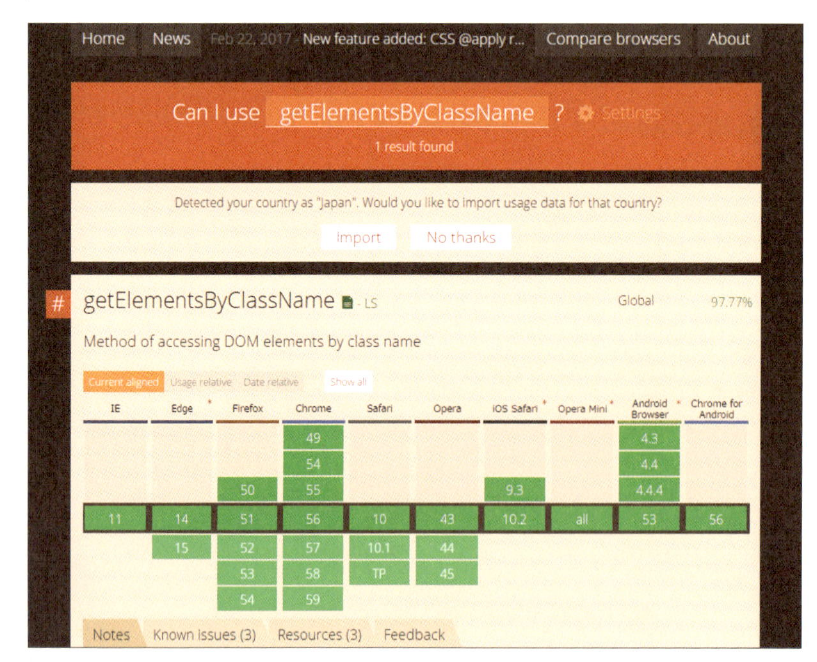

http://caniuse.com
JavaScriptのメソッドやCSSプロパティのブラウザごとの対応状況を確認できるWebサイト。

Chapter

7

ユーザーの操作に対応させよう

この章では、ユーザーの操作にあわせてプログラムを実行するイベント処理について学んでいきます。操作に応じて処理を切り替えることで、より実用的なプログラムを記述することができるようになります。

Lesson 40

［イベントの概要］

イベントとは何かを知りましょう

このレッスンのポイント

「クリック」や「キー入力」など、プログラムが動作するきっかけとなるできごとを、プログラミングの用語で「イベント」といいます。「イベント」の仕組みを使うと、ユーザーの操作に応じて動作する実用的なプログラムを記述できます。

ユーザーの操作に応じてプログラムを動かす仕組み

これまでは、HTMLファイルを読み込むとすぐに実行されるプログラムを記述してきましたが、Webページで動作するプログラムの多くは、「ボタンをクリックする」「キーボードのキーを押す」などのユーザーの操作に対応して結果を出します。

このようなプログラムを動かすキッカケとなるできごとを、プログラミングの用語で「イベント」といいます。JavaScriptでは、このイベントに対応して実行される関数を指定しておくことで、ユーザーが操作できるWebページを実現しています。

▶ イベントの働き

イベント		プログラム
ボタンをクリックした	→	○○関数
キーボードのキーを押した	→	○○関数
フォームを送信した	→	○○関数

イベントが発生したときに関数が実行されるよう設定しておく

JavaScriptは「イベントに応じてWebページの動きをプログラムする」ための言語といっても過言ではありません。

イベントの設定方法はイベントリスナーが主流

イベント発生時に動作するプログラムを指定する方法は、大きく以下の3つの方法があります。
ただ、「イベントリスナーで指定する」方法以外は、「1要素・1イベントにつき1つの設定」しか行うことができないため、最近では複数の設定を行える「イベントリスナーで指定する」方法が主流となっています。本書ではこの方法を主に扱い、他の2種類についてはコラムで紹介します。

- **イベントリスナーで指定する**
- **要素のプロパティで指定する（イベントハンドラ方式）**
- **HTMLファイルで要素の属性に指定する（イベントハンドラ方式）**

イベントリスナーによるイベントの設定

イベントにプログラムを関連付けるには、そのイベントに対して「イベントリスナー」を追加します。イベントリスナーとは、文字通り「イベント発生の聞き手」のことで、イベントが発生したときにそれを聞きつけて、あらかじめ指定しておいた関数を実行してくれます。
なお、関数を名前で指定する場合、その関数に引数を指定することができません。そのため、無名関数を使って行いたい処理を指定する方法がより一般的になっています。
イベントで名前のある関数に引数を渡したい場合は、イベントリスナーとして引数付きの無名関数を登録し、その無名関数の中で名前のある関数を呼び出して引数を渡すという手間がかかる書き方になります。名前のある関数も、無名関数の中で呼び出せば、引数を指定することができます。

▶ addEventListenerメソッドで名前のある関数を指定

```
element.addEventListener('click', func);
```

対象の要素（element）　イベントタイプ名（'click'）　実行したい関数名（func）

▶ addEventListenerメソッドで無名関数を指定

```
element.addEventListener('click', function(……){
  行いたい処理
});
```

対象の要素（element）　イベントタイプ名（'click'）　無名関数（function(……){ … }）

名前のある関数では「func（……）」とは書けないため、引数が渡せません。

イベントの種類

JavaScriptでプログラムに利用できるイベントの種類を以下にまとめました。表中の「イベントタイプ名」をaddEventListenerメソッドの第1引数に指定します。

▶マウス操作

イベントタイプ名	発生タイミング
click	要素をクリックしたとき
dblclick	要素をダブルクリックしたとき
mouseout	マウスポインタが要素上から出たとき
mouseover	マウスポインタが要素上に乗ったとき
mouseup	マウスボタンを放したとき
mousedown	マウスボタンを押し下げたとき
mousemove	マウスを動かしている間

▶キーボード操作

イベントタイプ名	発生タイミング
keyup	キーを離したとき
keydown	キーを押したとき
keypress	キーを押し続けている間

▶その他

イベントタイプ名	発生タイミング
blur	フォーカスが外れたとき
focus	フォーカスが当たったとき
change	内容が変更されたとき
select	テキストが選択されたとき
submit	フォームを送信しようとしたとき
reset	フォームがリセットされたとき
abort	画像の読み込みを中断したとき
error	画像の読み込み中にエラーが発生したとき
load	ページや画像の読み込みが完了したとき
unload	アンロード時（ページ遷移時など）

NEXT

ワンポイント イベントハンドラを用いたイベントの設定

イベントの設定には、イベントリスナーを用いる以外にも、「イベントハンドラ」を用いた方法があります。イベントハンドラとは、特定のイベントが発生した際に実行される処理と、その登録方法のことで、イベントリスナーと異なり1つのイベントに複数の設定をすることができません。まだまだ使用されていることの多い方式なので、プログラムを読めるようにしておきましょう。

イベントハンドラでの設定方法はさらに2通りに分かれており、「要素のプロパティに指定する」方法と「HTMLファイルで要素の属性に直接記述する」方法があります。HTMLファイルに直接記述する場合は、関数名だけでなく「();」まで書きます。なお、イベントハンドラ名は、基本的にイベントタイプ名の先頭に「on」を付けたものになります。

▶ 要素のプロパティを利用して指定する方法

```
element.onclick = elementclick;
```

対象の要素　イベントハンドラ名　実行したい関数名

▶ HTMLファイルで要素の属性に指定する直接記述する方法

```
<button id="test" onclick="elementclick();"> ○○○○ </button>
```

イベントハンドラ名　関数の呼び出し

これまでイベントを設定する3つの方法を見てきましたが、複数の方法を併用するとプログラムがわかりにくくなるので、特に理由がなければ、一番柔軟性の高いイベントリスナーを使用しましょう。

Lesson 41 [イベント:click]

クリックイベントでお問い合わせフォームを表示しましょう

このレッスンのポイント

イベントの概要は理解できましたか？ ここからはイベントを活用した「お問い合わせフォーム」を作りながら、イベントの設定方法を具体的に学んでいきましょう。ボタンをクリックするとJavaScriptのプログラムが働いて、フォームが表示されるようにします。

イベントを利用した「お問い合わせフォーム」を作る

今回はイベント利用の実践として、ボタンをクリックすると表示される「お問い合わせフォーム」を作ってみましょう。今回はフォームに使用していますが、いろいろと応用が利く方式です。

JavaScriptで要素を後から表示させる場合、JavaScriptで新しい要素を作って挿入する方法と、要素自体はあらかじめHTMLで用意しておいてJavaScriptで表示／非表示のみを切り替える方法があります。今回は後者の方式で表示します。

また、ボタンがクリックされたことを検出するためにclickイベントを使用します。使い方が比較的シンプルで、非常によく使うイベントです。

▶ お問い合わせフォームの表示

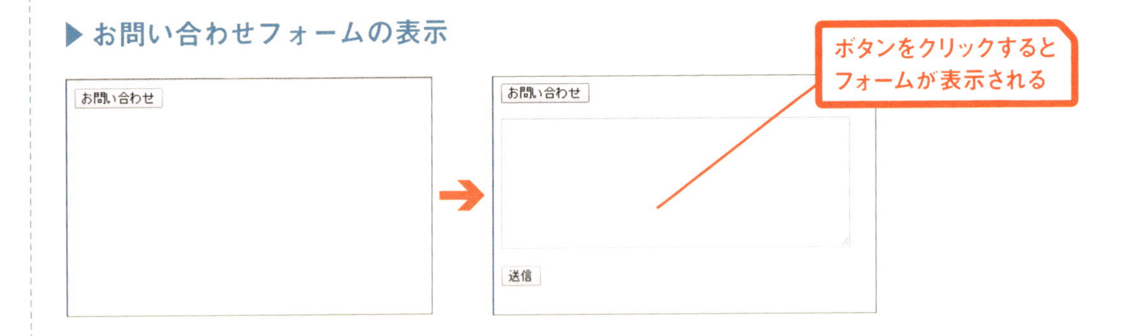

クリックで表示される「お問い合わせフォーム」を作る

1 HTMLファイルを編集する 07/from/practice/index.html

まずは、HTMLファイルを編集してボタンとフォームを作成しましょう。
このレッスンのindex.htmlファイルをBracketsで開いて、button要素❶とform要素❷を追加し、上書き保存してください。Webブラウザで開くと、ボタンとフォームが表示されます。

```
001 <body>
002 ␣␣<button␣id="button">お問い合わせ</button>
003 ␣␣<form␣action=""␣id="form">
004 ␣␣␣␣<p><textarea␣id="textarea"␣name="textarea"␣cols=50␣rows=10␣
    maxlength="500"></textarea></p>
005 ␣␣␣␣<p><input␣id="submit"␣type="submit"␣value="送信"></p>
006 ␣␣</form>
007 ␣␣<script␣src="js/app.js"></script>
```

❶ button要素を追加

❷ form要素を追加

2 CSSファイルを編集する 07/from/practice/css/style.css

次に、CSSファイルを編集して、フォームを非表示にしてしまいましょう。 ボタンを押した際にJavaScriptでCSSを「表示」に書き替えることで、ボタンをクリックすると表示される機能を作ることができます。
このレッスンのstyle.cssファイルをBracketsで開き、フォームを非表示にするCSSを記述して上書き保存してください❶❷。

```
001 #form␣{
002 ␣␣display:␣none;
003 }
```

❶ フォームを非表示に

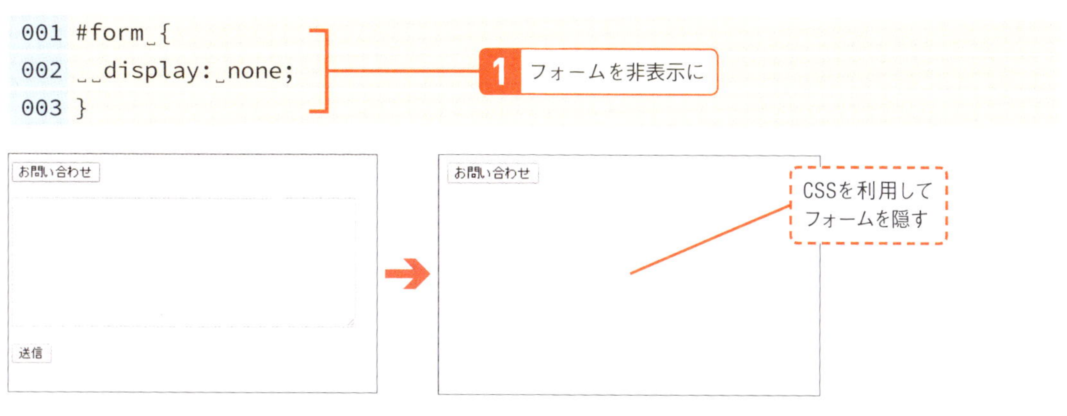

3 JavaScriptファイルを編集する 07/from/practice/js/app.js

続いて、JavaScriptでボタンがクリックされたときにフォームを表示する機能を作成します。このレッスンのapp.jsファイルをBracketsで開いて、以下のコードを記述し上書き保存してください。

まず「getElementById()」メソッドを使って、ボタンの要素とフォームの要素を取得します❶。次に、ボタン要素に対して「addEventListener()」メソッドを使って、イベントリスナーを登録します❷。第1引数にはイベントタイプを示す文字列「'click'」、第2引数には無名関数「function() { ... }」を指定して、「{}」の中でフォームを表示するための、スタイル変更の処理を記述しています❸。

```
001 /* プログラムで使用する変数の設定 ***************/
002 // フォームの要素を取得
003 var button = document.getElementById('button');
004 var form = document.getElementById('form');
005
006 /* イベント処理 **************/
007 // お問い合わせボタンを押したとき
008 button.addEventListener('click', function() {
009   // フォームを表示
010   form.style.display = 'block';
011 });
```

1 要素を取得
2 イベントリスナーを登録
3 スタイルを変更

Point 無名関数を利用する

ここではaddEventListenerメソッドの引数に、名前を持たない「無名関数」を使用しています。以下に示すように名前のある関数を使用することもできますが、無名関数を使うことがよくあるので慣れておきましょう。

▶ 名前がある関数を使った場合

```
button.addEventListener('click', showForm);

function showForm(){
  form.style.display = 'block';
}
```

Chapter 7 ユーザーの操作に対応させよう

4 プログラムが完成した

プログラムが完成したら、内容を上書き保存して、index.htmlをブラウザで開いて動作を確認しましょう①。

無事にフォームは表示されましたか？ click以外の他のイベントタイプでも、イベントと関数をひも付ける方法は同じです。

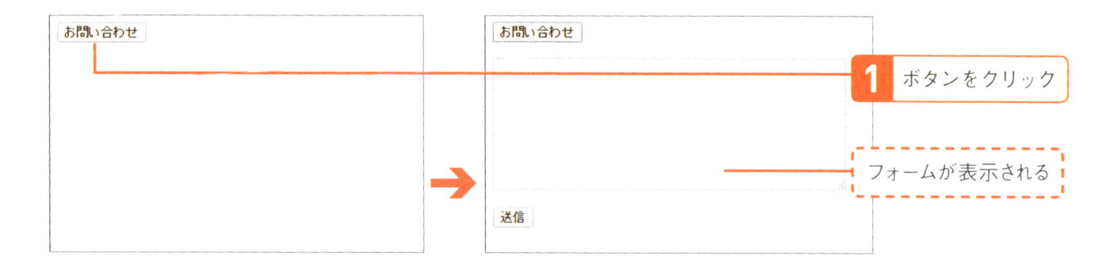

ワンポイント 複数のイベントが同時に起こることもある

今回は「click」のイベントを用いましたが、イベントタイプの中には「mouseup」や「mousedown」といった、clickと似たようなイベントが用意されています。
mousedownはマウスボタンを押したとき、mouseupはマウスボタンを離したとき、そしてclickは、mousedownとmouseupが連続して起きたときに発生します。つまり、clickが発生する際は、mousedownとmouseupのイベントも同時に発生しているのです。

イベントタイプ名	発生タイミング
click	要素をクリックしたとき（mousedown + mouseup）
mouseup	マウスボタンを離したとき
mousedown	マウスボタンを押したとき

Lesson 42 [イベント:keyup]

フォームに残り文字数のカウント機能を付けましょう

このレッスンのポイント

入力中に「後○○文字」と表示される機能を見たことはありませんか？今回はその機能を作成してみましょう。文字入力に関するイベントなので、キーボードのキーを押して放したときに発生する「keyup」のイベントを利用します。

残り文字数のカウント機能の概要

今回作成する「残り文字数のカウント機能」は以下の図のようなイメージです。文字入力を行うと、残り文字数をカウントしてリアルタイムで画面に表示してくれます。

今回のプログラムでは、文字入力が行われるたびに表示が切り替わるので、キー入力に関するイベントと残り文字数を表示する処理を関連付ける必要がありそうです。

▶ 完成イメージ

お問い合わせ

あと「494」文字入力できます。 — 残り文字数が表示される

はじめまして

送信

利用できるイベントをたくさん知っておけば、ユーザーに対して細やかに応答するプログラムを作れるようになります。

keydown、keypress、keyupの使い分け

キー入力に関するイベントタイプは3種類で、kwydownはキーを押したとき、keypressはキーを押し続けている間、keyupはキーを離したときにそれぞれ発生します。keypressは少しわかりづらいですが、テキストエディタでキーを押しっぱなしにすると、同じキーが何度も入力されるイメージと同じで、最初の1回＋押した時間に応じてイベントが何度も発生します。今回作成するプログラムでは、文字が入力された後に文字数をカウントしたいので、文字入力が終わった後に発生する「keyup」イベントを利用するのがよさそうです。

イベントタイプ名	発生タイミング
keyup	キーを離したとき
keydown	キーを押したとき
keypress	キーを押し続けている間

イベントとプログラムを関連付ける際は、発生タイミングが最も適切なものを選びましょう。

押されたキーを調べられる「イベントオブジェクト」

keyイベントでは、押されたキーが何だったのか知りたい場面も多いと思います。
そんなときに利用できるのが、イベントに関する情報がまとめられた「イベントオブジェクト」です。
イベントオブジェクトは、イベントリスナーで指定した関数の第1引数に自動で受け渡されます。イベントオブジェクトを使用したい際は、その代入先となる引数（下記ではevent）を指定するだけでOKです。押されたキーの情報はkeyプロパティに格納されているので、以下のように確認することができます。

▶ 例文：押されたキーを取得する

イベントオブジェクトが引数に渡される

```
document.addEventListener('keydown', function(event) {
  console.log(event.key); // コンソールにキーを表示
});
```

イベントオブジェクトを利用すると、発生したイベントに関するさまざまな情報を取得することができます。

1 JavaScriptファイルを編集する 07/from/practice/js/app.js

残り文字数を表示するための機能をJavaScriptで作成していきます。このレッスンのapp.jsファイルをBracketsで開いて、以下のコードを記述し上書き保存してください。

まず、文字数をカウントしたいtextareaの要素を取得します❶。次に入力可能な最大文字数を調べたいので、getAttributeメソッドを使用してmaxlength属性の値を取得します❷。

```
002 // フォームの要素を取得
003 var button = document.getElementById('button');
004 var form = document.getElementById('form');
005 var textarea = document.getElementById('textarea');
006
007 // 文字数制限
008 var maxTextNum = textarea.getAttribute('maxlength');
```

❶ 要素を取得

❷ 属性値を調べる

Point getAttributeメソッドで属性を取得

getAttributeメソッドを使用すると、その要素の任意の属性値を取得することができます。ここではtextarea要素のmaxlength属性の値を取得して、入力可能な文字数を調べるために使っています。

▶ getAttributeメソッド

2 残り文字数を表示するための要素を追加する

続いて、残り文字数を表示するためのdiv要素を新たに作り、textareaの前に設置していきます。今回はJavaScriptを使って生成します❶。

```
009
010 /*␣要素の追加␣***************/
011 //␣残り文字数を表示する要素の追加
012 var␣textMessage␣=␣document.createElement('div');
013 var␣parent␣=␣textarea.parentElement;
014 parent.insertBefore(textMessage,␣textarea);
```

1 要素を作成して追加

3 残り入力文字数を表示する

残り文字数はキー入力とともに変化していくので、今回はキーを押して離したときに発生するkeyupイベントを使用し、addEventListenerメソッドでイベントリスナーを追加します❶。無名関数内でまず現在入力されている文字数を取得し❷、それを元に何文字入力可能かを算出します。textMessage要素のinnerHTMLプロパティに代入して文字数を更新します❸。

```
022
023 //␣テキストエリアでキーをタイプしたとき
024 textarea.addEventListener('keyup',␣function()␣{
025 ␣␣var␣currentTextNum␣=␣textarea.value.length;
026 ␣␣textMessage.innerHTML = '<p>あと「'␣+␣(maxTextNum␣-␣currentTextNum)
    +␣'」␣文字入力できます。</p>';
027 });
```

1 イベントリスナーを登録

2 文字数を調べる

3 残り文字数を表示

Point テキストエリアの入力済み文字数を調べる

ここでは入力済み文字数を調べるために「textarea.value.length」という書き方をしています。valueプロパティはテキストエリアに入力された文字列を取得する働きを持ち、さらにlengthプロパティ（P.156参照）を使って長さを調べています。

4 プログラムの動作を確認する

ここまで入力したらファイルを上書き保存し、index.htmlをブラウザで開いて動作テストしましょう。テキストエリアに文字を入力すると❶、キーを押すたびにイベントが発生し、残り文字数の表示が更新されます。

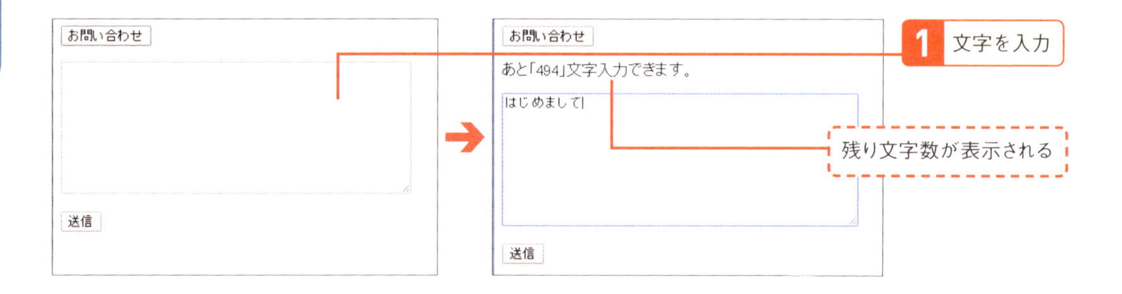

ワンポイント Stringオブジェクトを利用する

前ページで文字数を数えるときに使った「length」は「Stringオブジェクト」のプロパティです。

Stringオブジェクトとは、文字列に関するオブジェクトのことで、文字の長さを知ることができるlengthプロパティの他に、文字の前後の空白を消すtrimメソッド、検索置換を行うことができるreplaceメソッドなど、さまざまなプロパティが用意されています。

実はJavaScriptでは、文字列型のデータでも、Stringオブジェクトが持つプロパティをそのまま利用できるようになっています。例えば以下の例文のように、「"あいうえお".length」というような記述で、文字数を数えることもできます。

▶ 例文:lengthプロパティの利用

```
'あいうえお'.length;  // 5
```

Stringオブジェクトについて詳しく知りたい人は、Chapter 13で紹介する「MDN」などのリファレンスを利用してみてください。

Lesson 43 [タイマー処理]

フォームを時間制限付きの回答フォームに改造しましょう

このレッスンのポイント

イベント以外にプログラミングの実行タイミングを指定できるものとして「タイマー」があります。タイマーを使うと、一定時間後にプログラムを動かしたり、一定間隔でプログラムを実行したりすることができます。

一定間隔で繰り返す処理

プログラムの中には、一定間隔で自動的に繰り返す処理がたくさん使われています。身近な例では、時刻などの表示です。
HTML/CSSは一度読み込むと原則的に変化しないので、時計の時刻の用に常に変化するものは、一定間隔で最新の値を「表示する」処理を繰り返す必要があります。また、スライドショーなどのアニメーションの処理も「パラパラ漫画」と同じ原理で、一定間隔で「要素を移動する」処理を繰り返して実現しています。

▶ タイマーがイベントを呼び出す

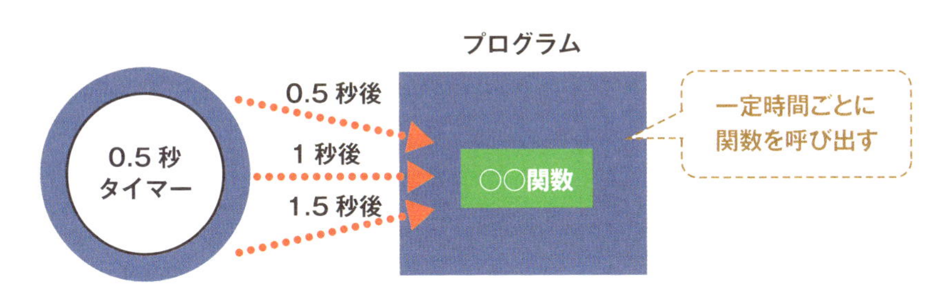

一定間隔で繰り返す処理は、アニメーションなどの動きのある処理によく使われます。

setIntervalメソッドの使い方

JavaScriptで一定間隔で処理を繰り返すには、setIntervalメソッドを使います。
setIntervalメソッドの戻り値には、セットしたタイマーを解除するためのIDが発行されるので、通常は使用開始と同時に「タイマー識別用の変数」にその値を記録しておきます。第1引数には実行したい処理、第2引数には実行したい間隔をミリ秒で指定します。タイマーを解除する際はclearIntervalメソッドの引数に、記憶しておいた「タイマー識別用の変数」を指定すればOKです。

▶ setIntervalメソッド

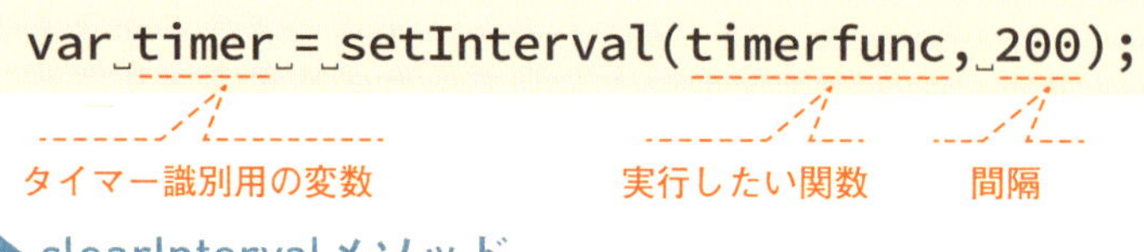

```
var timer = setInterval(timerfunc, 200);
```


▶ clearIntervalメソッド

```
clearInterval(timer);
```

タイマー識別用の変数

setIntervalメソッドで処理を開始するときは、同時にclearIntervalメソッドでタイマーを止める必要があるか、忘れずに検討しましょう。

お問い合わせフォームを改造しよう

タイマー処理の実践として、先のレッスンで作成したお問い合わせフォームを時間制限付きの回答フォームに改造してみましょう。今回は、タイマー処理を使って制限時間を表示し、制限時間になると、制限時間切れと表示する仕組みを作ってみましょう。

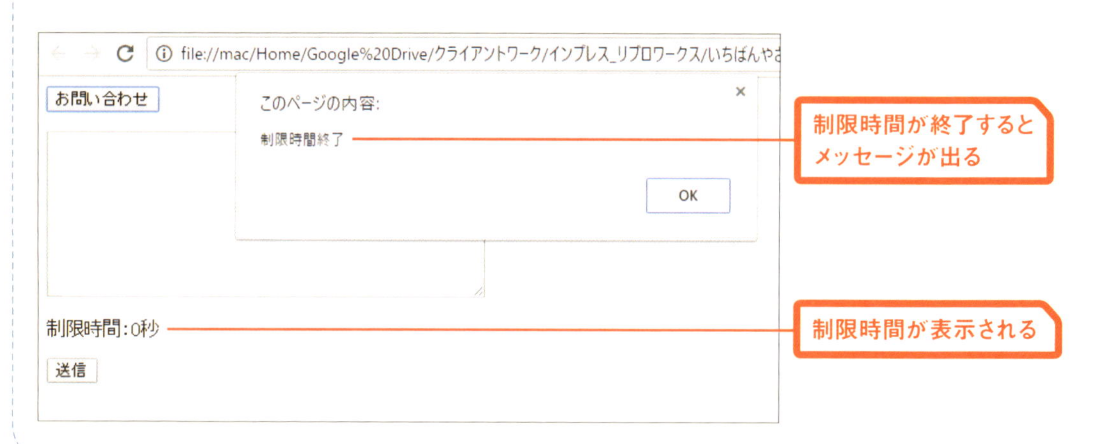

時間制限付きの回答フォームに改造する

1 JavaScriptファイルを編集する 07/from/practice/js/app.js

まずは、入力の残り時間の設定や、それを表示する要素の準備を行いましょう。このレッスンのapp.jsファイルをBracketsで開いて、以下のコードを記述してください。

まず、残り時間を変数で設定します❶。変数で設定することで、後で時間の変更が簡単になります。今回は、結果がすぐ確認できるように10秒と設定しておきましょう。次に、残り時間を表示する要素を追加します❷。

```
007 //␣文字数制限
008 var␣maxTextNum␣=␣textarea.getAttribute('maxlength');
009 //␣残り時間（秒）
010 var␣reminingTimeNum␣=␣10;
011
012 /*␣要素の追加␣***************/
013 //␣残り文字数を表示する要素の追加
014 var␣textMessage␣=␣document.createElement('div');
015 var␣parent␣=␣textarea.parentElement;
016 parent.insertBefore(textMessage,␣textarea);
017
018 //␣残り時間を表示する要素の追加
019 var␣timeMessage␣=␣document.createElement('div');
020 parent.insertBefore(timeMessage,␣null);
```

1 変数を定義

2 要素を作成して追加

2 タイマー処理で時間を表示する

フォームが表示されてからカウントダウンを開始したいので、ボタンをクリックした際の処理の中に、setIntervalメソッドを使用したタイマー処理を追加します❶。

第1引数には、無名関数で時間を更新する処理を追記します❷。「--」と書かれている部分はデクリメント演算子といい、変数の数値を1減らす働きを持ちます❸。第2引数には、1000ミリ秒、つまり1秒を指定して、1秒ごとに残り時間が1減るように処理を記述します❹。


```
024 button.addEventListener('click', function(){
025   // フォームを表示
026   form.style.display = 'block';
027
028   // タイマー処理で残り時間を表示
029   var timerId = setInterval(function(){
030     timeMessage.innerHTML = '<p>制限時間：' + remainingTimeNum + '秒</p>';
031     remainingTimeNum--;
032   },1000);
033 });
```

1 setIntervalメソッドを追加
2 残り時間を更新
3 変数を減らす
4 タイマーの間隔を指定

お問い合わせ

制限時間:3秒

送信

制限時間が表示される

うまく動かないときは慌てずにコンソールを表示しましょう（P.43参照）。エラーが発生した行が表示されるので、そこにミスが隠れている可能性が高いです。

3 制限時間が切れたらメッセージを出す

最後に、制限時間が切れたらメッセージを出す処理を追記します。

条件分岐で残り時間が0秒以下になったとき❶、警告ダイアログでメッセージを表示して❷、clearIntervalメソッドでタイマー処理を終了しています❸。

```
028 ␣␣//␣タイマー処理で残り時間を表示
029 ␣␣␣var␣timerId␣=␣setInterval(function(){
030 ␣␣␣␣␣timeMessage.innerHTML␣=␣'<p>制限時間：'␣+␣remingTimeNum␣+␣'秒</p>';
031 ␣␣␣␣␣if␣(remingTimeNum␣<=␣0)␣{
032 ␣␣␣␣␣␣␣alert('制限時間終了');
033 ␣␣␣␣␣␣␣clearInterval(timerId);
034 ␣␣␣␣␣}
035 ␣␣␣␣␣remingTimeNum--;
036 ␣␣␣},1000);
```

1 残り時間をチェック
2 メッセージを表示
3 タイマーを解除

お問い合わせ
このページの内容:
制限時間終了
OK
制限時間:0秒
送信

4 制限時間が表示される
5 制限時間が終了するとメッセージが出る

無事に制限時間を設定できましたか？　問題なく動作したら、短めに設定しておいた「残
用的な値に修正して

ワンポイント 一定時間後に一度だけ実行するタイマー処理

タイマー処理にはsetIntervalメソッドの他にsetTimeout()というメソッドが用意されています。使い方は基本的に同じですが、こちらは、一定間隔で処理を繰り返すのではなく、一定時間後に一度だけ処理を実行します。第1引数に実行したい処理を記述した関数を、第2引数に、実行までの待ち時間（ミリ秒）を指定します。
一定時間ごとの繰り返し処理はsetIntervalメソッドで記述するのが一般的ですが、一回の処理が繰り返し時間内に終わり切らなかった場合、前の処理が終了する前に次の処理を開始してしまう危険性があります。そんなときには、setTimeoutメソッドを使用して繰り返し処理を記述することもできます。
setIntervalメソッドと違って必ず「処理が終了してから」間隔をあけて次の処理を実行するので、実行時間がわからないときは、こちらの書き方が便利です。

▶ setTimeoutメソッド

```
var timer = setTimeout(timerfunc, 1000);
```

タイマー識別用の変数（var timer）　実行したい関数（timerfunc）　待ち時間（1000）

▶ clearTimeOutメソッド

```
clearTimeOut(timer);
```

タイマー識別用の変数（clearTimeOut）

▶ setTimeoutメソッドによる繰り返し処理の例

```
function foo () {
  //setTimeoutメソッドで1秒後に関数fooを呼び出す
  setTimeout(foo, 1000);
  console.log('繰り返し');
}
foo();
```

Chapter 8

データをまとめて扱おう

この章では、データをまとめて扱うことのできる「配列」という仕組みや、これまで利用してきた「オブジェクト」を自分で作る方法について学びます。

Lesson 44

[イベントの概要]

データをまとめて扱いやすくしましょう

このレッスンのポイント

Lesson 15で、データを扱う際は「変数」に代入して、記憶する必要があることを学びましたね。でも、データごとにたくさんの変数を作ると、管理が大変になってしまいます。このレッスンでは、複数のデータをまとめて扱う方法について学んでいきます。

膨大なデータでもまとめると扱いやすい

私たちは普段から膨大なデータを扱っています。例えば、コンビニには1店舗あたり約3,000点の商品が並んでいるそうです。コンビニの小さな店舗にそれだけの商品があることも驚きですが、3,000点もの商品の中から目的の商品を見つけられる仕組みは素晴らしいですよね。コンビニでは、お客さんが商品を見つけやすいよう「雑誌」「お弁当」「飲料」など、種類ごとにまとめて陳列する工夫をしています。以下の図では、商品名がバラバラな状態と、種類ごとにまとめて整理された状態を比較して掲載しています。整理された後のほうが、ずっと選びやすいですよね。コンビニの商品にかぎらず、多くのデータを扱う場合は、データをまとめることで、より扱いやすくすることができます。

▶データを分類してわかりやすくする

- ・コーラ
- ・おにぎり
- ・ミートスパゲティ
- ・ウーロン茶
- ・チャーハン
- ・オレンジジュース

整理 →

飲料
- ・コーラ
- ・オレンジジュース
- ・ウーロン茶

弁当
- ・ミートスパゲティ
- ・チャーハン
- ・おにぎり

たくさんのデータもまとめてしまえば、ぐっと扱いやすくなりますね。

配列とオブジェクトを理解しよう

この章では、データをまとめて扱う方法を学びます。具体的には、同種のデータを手軽にまとめることのできる「配列」という仕組みと、データや関数をまとめて扱うことのできる「オブジェクト」の作り方について学びます。
また章の最後では、学んだことを実践して「おみくじ」のプログラムを作成します。おみくじのプログラムでは、「大吉」「中吉」……といったおみくじの結果となるデータを「配列」で管理して、おみくじの結果をランダムに決定する機能を「オブジェクト」として提供できるようにします。
新しい言葉がたくさん出てきて、わからないことがあっても大丈夫です。この章を通じて1つずつ学んでいきましょう。

▶ おみくじプログラムのサンプルイメージ

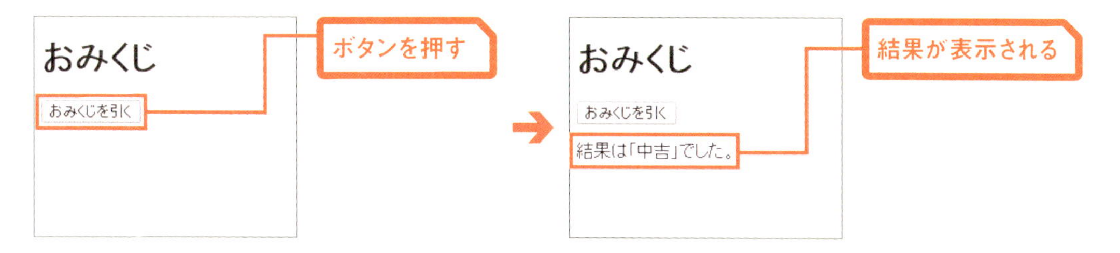

▶ おみくじ配列とおみくじオブジェクト

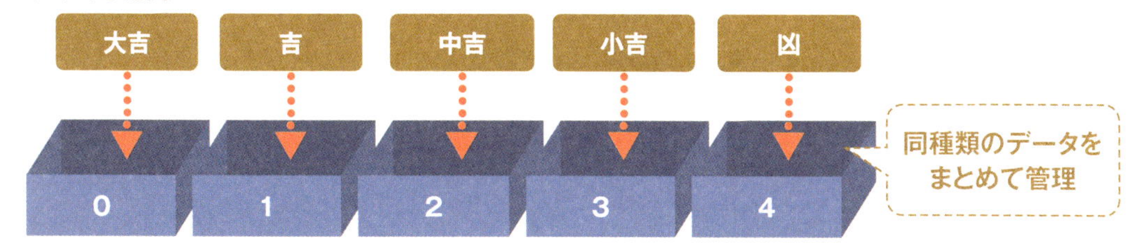

おみくじオブジェクト

results プロパティ
getResult メソッド

おみくじに必要なデータや関数がすべてまとまっている

オブジェクトの概要はChapter 6で説明したので、忘れている場合は見返して復習しておきましょう。

Lesson 45

[配列]

配列でデータをまとめましょう

このレッスンのポイント

データをまとめることで、扱いやすくなることは理解できましたか？このレッスンではさっそく、データをまとめて表現できる「配列」という仕組みについて学んでいきます。配列はfor文と組み合わせて利用することが多いので、その具体例も確認していきましょう。

配列でデータをまとめる

コンビニの例では、商品を種類ごとに分けて、まとめて陳列していることを学びました。プログラムにも、データをまとめて表現するための「配列」という仕組みが用意されています。

コンビニの商品をデータとすると、配列はちょうど「棚」のようなイメージで、配列の中にデータを並べて収め、まとめて管理することができます。例えば、飲料名のデータを納めた配列「drink」を作るには、以下のように記述します。

▶ 飲料名をまとめた配列「drink」を作成

```
var drink = ['コーラ', 'オレンジジュース', 'ウーロン茶'];
```

変数名　データ1　データ2　データ3

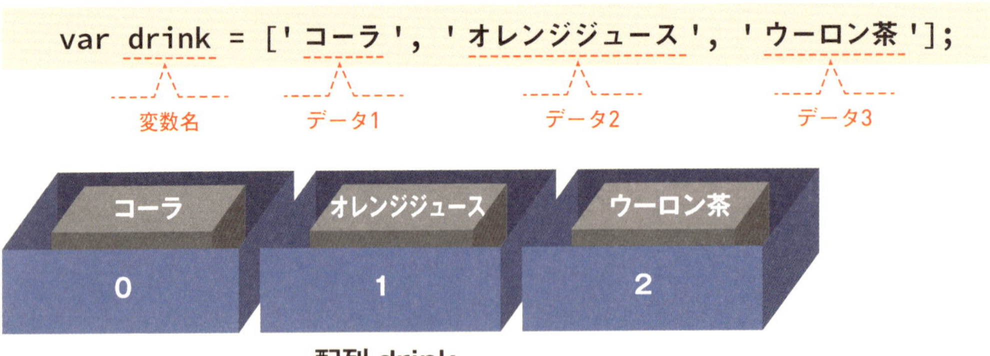

配列 drink

配列は英語で「Array」といい、「ずらりと並んだもの」という意味があります。

配列のデータにアクセスする

配列に所属するデータは、前から順に0,1,2,3……というインデックス（管理番号）が振られます。
配列に所属するデータにアクセスするには、このインデックスの番号を配列名の後の[ ]の中に指定してあげればOKです。

▶ インデックスを指定して配列内のデータにアクセスする

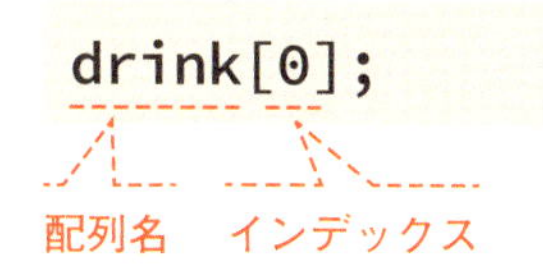

配列のインデックスは「1」ではなく「0」からスタートするので注意しましょう！

▶ 配列内のデータを利用する

```
// 飲料名をまとめた配列「drink」を作成
var drink = ['コーラ', 'オレンジジュース', 'ウーロン茶'];

// インデックスが「0」のデータにアクセス
console.log(drink[0]); ……………コンソールに「コーラ」と表示される
```

配列に所属するデータの数を調べる

配列は「オブジェクト型」のデータで、所属するデータの数を表す「length」プロパティを持っています。
配列に所属するデータの数を調べるには、「配列名.length」という形式で、「length」プロパティの値を参照します。

▶ lengthプロパティの利用例

```
// 飲料名をまとめた配列「drink」を作成
var drink = ['コーラ', 'オレンジジュース', 'ウーロン茶'];

// 配列に所属するデータの数を表示
console.log(drink.length);………コンソールに「3」と表示される
```

lengthプロパティで調べた要素数は、for文の繰り返し条件などに使われます。

おみくじの結果を「配列」で扱ってみる

1 配列を作成する

08/array/practice/js/app.js

今回は、この章の最後に作成する「おみくじ」の準備体操として、おみくじの結果となるデータを配列で扱ってみましょう。このレッスンのapp.jsファイルをBracketsで開いて、以下のコードを記述してください。

まずは、おみくじの結果である「大吉」「吉」「中吉」……といった文字列データを持つ配列「results」を作成します❶。

```
001 // おみくじの結果データを作成
002 results = ['大吉','吉','中吉','小吉','凶'];
```

❶ 配列を作成

2 配列の内容を確認する

次に、配列ができていることを確認するため、配列そのものと、配列の最初の要素（インデックスが「0」）をコンソールに表示する処理を記述してみましょう❶。プログラムが完成したら、内容を上書き保存して、index.htmlをブラウザで開いてコンソールを確認しましょう。

コンソールで配列やオブジェクトを表示すると、中身が折りたたまれて、名前と概要だけが表示されます。「▶」マークをクリックすると、さらに詳細な情報が表示され、インデックスの振られたデータの内容や、lengthの値も確認できます。

```
003
004 // 配列「results」をコンソールに表示
005 console.log(results);
006
007 // インデックスが「0」の要素をコンソールに表示
008 console.log(results[0]);
```

❶ 配列を表示

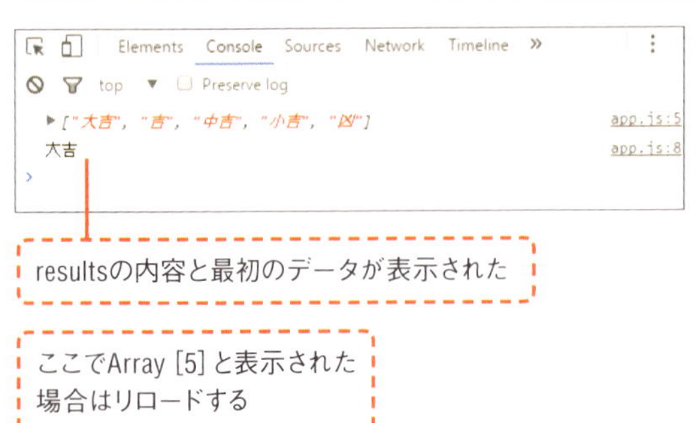

resultsの内容と最初のデータが表示された

ここでArray [5] と表示された場合はリロードする

「▶」をクリックすると、resultsの内容が表示される

3 配列のデータをすべて表示する

続いて、配列に所属するすべてのデータを表示してみましょう。配列のデータを表示するには「配列[インデックス]」の形式で記述します。
インデックスの値は、「0」から順に増えるので、for文（Lesson 31参照）を使って0～最大値までの繰り返しを記述します❶。
配列のインデックスの最大値は、配列のデータ数より1つ小さくなるので、for文の条件式は、カウント用の変数の値が「results.length」未満になるように設定すればOKです。

```
010 //␣配列に所属するデータをfor文ですべて表示
011 for␣(var␣i␣=␣0;␣i␣<␣results.length;␣i++)␣{
012 ␣␣console.log(results[i]);
013 }
```

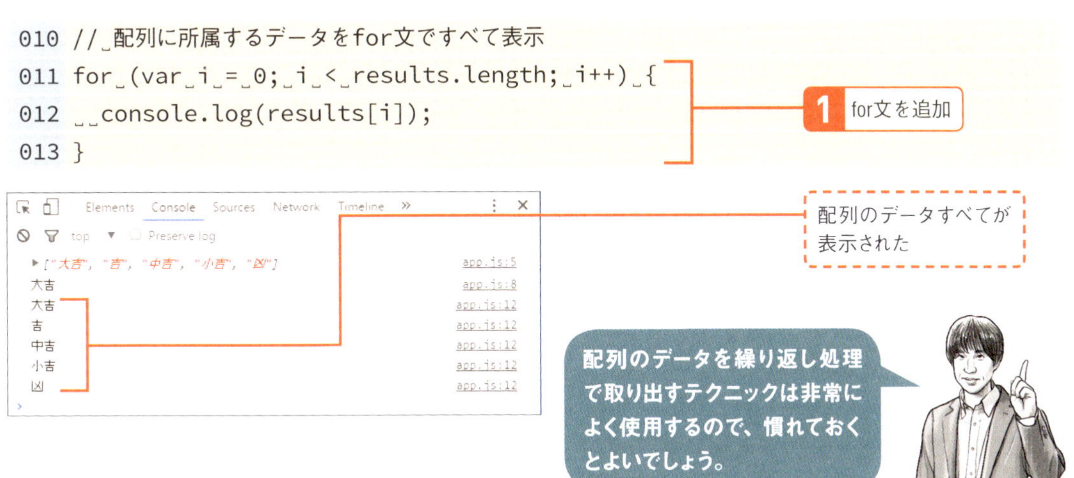

4 データを見やすくする

先ほどの結果をより見やすくするために、データのインデックスもあわせて表示するように変更してみましょう❶。プログラムが完成したら、内容を上書き保存して、index.htmlをブラウザで再読み込みして動作を確認しましょう❷。

```
010 //␣配列に所属するデータをfor文ですべて表示
011 for␣(var␣i␣=␣0;␣i␣<␣results.length;␣i++)␣{
012 ␣␣console.log('index:'␣+␣i␣+␣'データ:'␣+␣results[i]);
013 }
```

1 インデックスも表示

```
Elements Console Sources Network Timeline
top Preserve log
["大吉", "吉", "中吉", "小吉", "凶"]    app.js:5
大吉                                   app.js:8
index:0データ:大吉                     app.js:12
index:1データ:吉                       app.js:12
index:2データ:中吉                     app.js:12
index:3データ:小吉                     app.js:12
index:4データ:凶                       app.js:12
```

インデックスとデータすべてが表示された

Lesson 46 [オブジェクトの作成]

オブジェクトでデータをまとめましょう

このレッスンのポイント

配列の仕組みは理解できましたか？ これまでに配列以外にも、データを扱いやすくまとめる「オブジェクト」の概念をChapter 6で学びました。ここでは、オブジェクトと配列を比べながら理解を深め、オブジェクトを自分で作成する方法を学びます。

オブジェクトのおさらい

Chapter 6の冒頭で説明したように、オブジェクトは、テーマに沿って変数や関数などのデータをまとめ、データを扱いやすくしたものです。
配列とオブジェクトの違いは、配列が「インデックスを使って所属するデータを参照する」のに対して、オブジェクトは「名前（プロパティ）を使って所属するデータを参照する」という点です。
コンビニの商品の例のように、横並びのデータを扱う場合は配列が便利ですが、「自動車の高さ」「自動車の幅」という具合に、異なる性質のデータを1つのテーマでまとめる場合はオブジェクトが適しています。
オブジェクトを自分で定義するには、{ }で囲んだ範囲に、プロパティ名と、対応するデータを記述していきます。

▶オブジェクトの定義

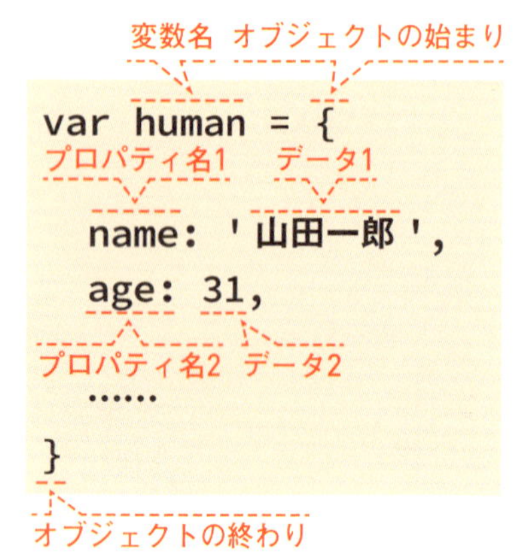

▶配列とオブジェクト

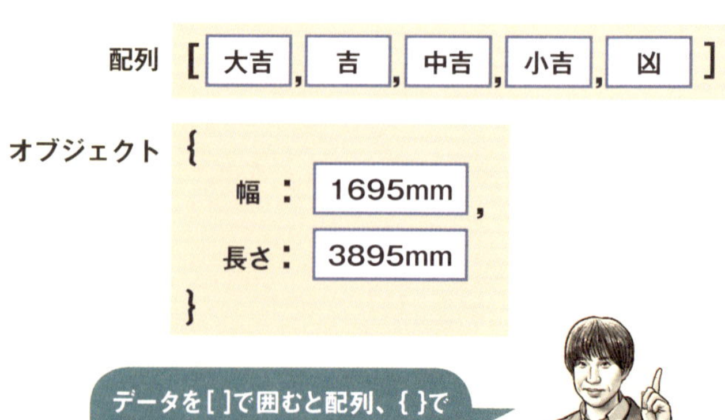

独自のメソッドを作る

Chapter 6の冒頭で、メソッドは、プロパティの一種で、オブジェクトの操作や振る舞いを記述した関数であると学びましたね。
このメソッドを独自に定義したい場合は、オブジェクトの定義の中で「メソッド名:」の後に無名関数（P.108参照）を記述します。メソッドもプロパティの一種なので、基本的な書き方は変わりません。プロパティ名の部分をメソッド名に、データの部分を無名関数に置き換えて記述すればOKです。
下の例では「おみくじ」オブジェクトの定義の中で「くじを引く」メソッドを定義しています。これで「おみくじ.くじを引く()」という呼び出し方でくじを引くことができます。

▶ メソッドの定義

```
var␣変数名␣=␣{
␣␣メソッド名1:␣function(引数1,␣引数2…)␣{
␣␣␣␣//␣実行したい処理
␣␣},
␣␣⋮
}
```

▶ メソッドのイメージ

```
var␣おみくじ␣=␣{ ……………「おみくじ」オブジェクトを定義
␣␣くじを引く:␣function()␣{ ……………「くじを引く」メソッドを定義
␣␣␣␣//␣くじを引くメソッドの定義として、結果を返す処理を書く
␣␣}
}

//␣くじを引くメソッドの結果をコンソールに表示
console.log(おみくじ.くじを引く()); ……「くじを引く」メソッドを呼び出す
```

オブジェクトの内容を思い出せましたか？ 実践パートでは、実際に「おみくじ」オブジェクトを作ってみましょう。

オブジェクトを使って「おみくじプログラム」を作る

1 HTMLファイルを編集する 08/fortune/practice/index.html

この章の集大成として、オブジェクトと配列を使った「おみくじプログラム」を作りましょう。まずは、おみくじの結果を表示する画面と、おみくじを引くためのボタンを作ります。
このレッスンのindex.htmlファイルをBracketsで開いて、以下のコードを記述し上書き保存してください。「おみくじ」という見出しをh1要素で用意し❶、「おみくじを引く」ボタンをinput要素で用意します❷。「おみくじを引く」ボタンの要素には、後でJavaScriptでイベントを登録するためにid属性を付与しています。最後に、おみくじの結果を表示するための要素として、id属性を付与したdiv要素を設置しています❸。

```
008 <body>
009   <h1>おみくじ</h1>
010   <p><input type="button" id="getResult" value="おみくじを引く"></p>
011   <div id="result"></div>
012   <script src="js/app.js"></script>
013 </body>
```


2 JavaScriptファイルを編集する 08/fortune/practice/js/app.js

続いて、おみくじに関するデータをまとめた「おみくじオブジェクト」を作成していきます。このレッスンのapp.jsファイルをBracketsで開いて、以下のコードを記述し上書き保存してください。
まずは、omikujiオブジェクトを定義して、{}内にプロパティを記述していきます❶。最初のプロパティとして、おみくじの結果をまとめた配列「results」を定義します❷。

```
001 // おみくじオブジェクトの定義
002 var omikuji = {
003   results: ["大吉","吉","中吉","小吉","凶"]
004 }
```

1 オブジェクトを定義
2 プロパティを定義

3 くじの結果を返すメソッドを作る

続いて、おみくじの結果を表示するためのメソッド「getResult」を定義していきましょう❶❷。おみくじの結果のデータは同じオブジェクトの「results」プロパティにまとめられています。

オブジェクトを定義する際に、自分自身のプロパティにアクセスする際は、「this.プロパティ名」でアクセスできるので、「var results = this.results」として、結果のデータを取得しています❸。後は、結果をまとめた配列の中から、ランダムに1つのデータを選んで返す処理を記述します❹。

```
001 //␣おみくじオブジェクトの定義
002 var␣omikuji␣=␣{
003 ␣␣results:␣["大吉","吉","中吉","小吉","凶"],
004 ␣␣getResult:␣function()␣{
005 ␣␣␣␣var␣results␣=␣this.results;
006 ␣␣␣␣return␣results[Math.floor(Math.random()␣*␣results.length)];
007 ␣␣}
008 }
```

1 カンマを追加
2 メソッドを定義
3 プロパティにアクセス
4 データを返す

プロパティを追加した際は、カンマ「,」の追加を忘れないようにしましょう。

Point 配列からランダムに1つのデータを取得する

配列からランダムに1つのデータを取得するには、Math.randomメソッド（P.88参照）を利用してインデックスを求めます。Math.randomメソッドは0以上1未満の値をランダムに作り出すので、それに配列のデータ数を掛ければ、「0以上～配列のデータ数未満」の値となります。さらにMath.floorメソッドで整数値にすれば、配列のインデックスとして利用できます。

```
配列名[Math.floor(Math.random() * 配列名.length)];
```

4 おみくじオブジェクトを動作確認する

ここまでのプログラムが完成したら、作成したメソッドが問題なく利用できるか、結果をコンソールに表示して動作確認を行ってみましょう。最後の行に、コンソールに結果を表示する以下のプログラムを記述し❶、内容を上書き保存して、index.htmlをブラウザで開きます。ブラウザを読み込むたびに、ランダムなおみくじ結果がコンソールに表示されればバッチリです。もし問題が見つかった場合は、いままでのプログラムを見直してみましょう。

動作確認が終わったら、今回追記した確認用のプログラムは削除しておきましょう。

```
008 }
009
010 console.log(omikuji.getResult());
```

こまめに動作確認すれば、エラーが起きても簡単に問題部分を特定することができます。

5 ボタンが押されたときにくじを引く

「おみくじを引く」ボタンが押されたときに、おみくじの結果が表示されるようにしましょう。
まずは、「おみくじを引く」ボタンの要素をid属性の値「getResult」を使用して取得します。結果を表示するための要素をid属性の値「result」を使用して取得します❶。
次に、取得した「おみくじを引く」ボタンの要素、「getResult」にイベントリスナーを登録して、クリックイベントが発生したときに処理を実行できるようにします❷。処理の中では、先に作成した「omikuji.getResult()」メソッドを使っておみくじの結果を取得し、「result」の「innerHTML」プロパティを上書きして、結果を表示しています❸。

```
001 // 要素オブジェクトの取得
002 var getResult = document.getElementById('getResult');
003 var result = document.getElementById('result');
004
005 // イベントの登録
006 getResult.addEventListener('click', function(){
007   result.innerHTML = '結果は「' + omikuji.getResult() + '」でした。';
008 });
009
010 // おみくじオブジェクトの定義
```

❶ 要素を取得
❷ イベントリスナーを登録
❸ 結果を表示

6 プログラムが完成した

プログラムが完成したら、内容を上書き保存して、index.htmlをブラウザで再読み込みして動作を確認しましょう❶。

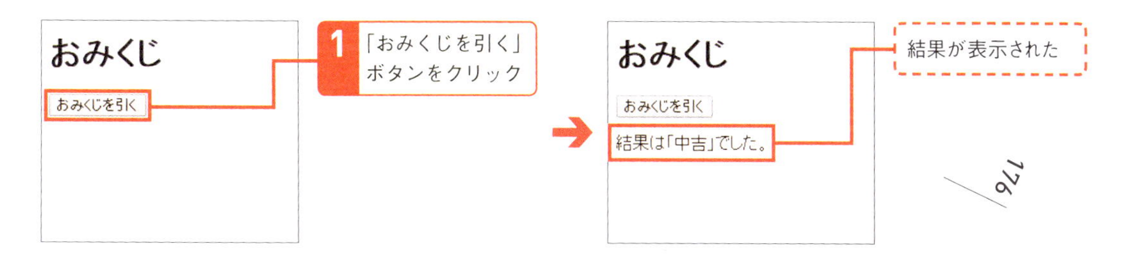

お疲れさまでした。このプログラムが理解できれば、JavaScriptの入門となる部分は理解できたといえます。

ワンポイント thisの意味は利用する場面で変わる

P.173で使用した「this」は状況によって指し示すものが変わる特殊なキーワードです。大きく分けると、関数の中で使うthisと、関数の外で使うthisで表すものが違います。
関数定義の外で使ったthisは、windowオブジェクトを指します。以下のように、比較演算子で厳密な比較を行っても真（true）になります。
メソッドの定義内で使ったthisは、メソッドが所属するオブジェクトを示しています。Lesson 46では、omikujiオブジェクトのgetResult()メソッドから、同じomikujiオブジェクトのresultsプロパティを利用するためにthisを利用しました。このとき、thisはomikujiオブジェクトを指しています。
上級者向けの内容になるので本書では扱いませんが、関数内のthisは、関数の呼び出し方によってもthisの値が指すものが変化します。メソッド定義内で使用した場合以外にもいくつかパターンがあるのです。さらに詳しくthisについて知りたい場合は、Chapter 13で紹介しているMDNのリファレンスで調べてみるといいでしょう。

▶ 関数の外部で使うthisはwindowオブジェクトを指す

```
console.log(this === window); ………… 厳密に等しいので結果はtrue
```

▶ メソッド定義の中で使うthisは所属するオブジェクトを指す

```
// おみくじオブジェクトの定義
var omikuji = {
  results: ["大吉","吉","中吉","小吉","凶"],
  getResult: function() {
    var results = this.results;
    return results[Math.floor(Math.random() * results.length)];
  }
}
```

このthisはomikujiオブジェクトを指す

JavaScriptのthisの働きは非常に奥が深いのですが、とりあえず関数の内部と外部でthisの値が異なるということだけ理解しておいてください。

Chapter

9

フォトギャラリーを作成しよう

この章では、これまでの学習の集大成として、フォトギャラリーを作成します。実践を通じて学んだ内容を復習しながら、確かな力にしていきましょう。

Lesson 47 [ゴールの確認]

フォトギャラリーの設計を確認しましょう

このレッスンのポイント

この章では、これまでの学習の集大成として、「フォトギャラリー」を作成します。写真がメインコンテンツとなるWebサイトでよく見かけるパーツですね。まずは制作するフォトギャラリーの完成イメージを理解して、プログラミングの方針を立てていきましょう。

学んだことを活用しよう

皆さんはこれまでの章で、JavaScriptの基本的な知識を学びました。プログラミングのスキルを高めるには、こうした知識のインプットと、実際にプログラムを書いていくアウトプットが欠かせません。
この章では、これまでの学習の集大成として、以下のようなフォトギャラリーを作成しましょう。これまでに学んだ基本文法（Chapter 1〜2）、条件分岐（Chapter 3）、繰り返し処理（Chapter 4）、関数（Chapter 5）、HTML/CSSの操作（Chapter 6）、イベント（Chapter 7）、オブジェクト（Chapter 8）などの要素をフル活用します。

▶ フォトギャラリー

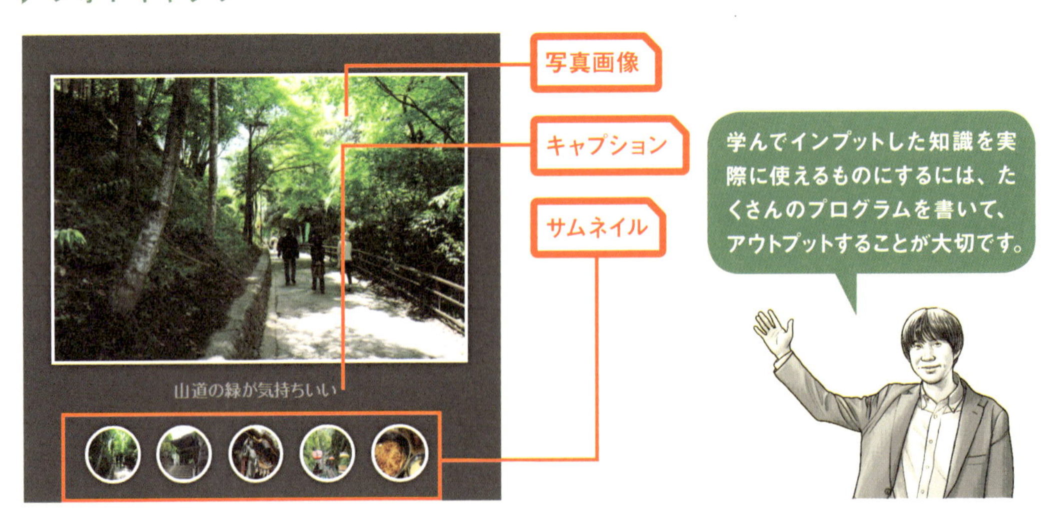
写真画像
キャプション
サムネイル
山道の緑が気持ちいい
学んでインプットした知識を実際に使えるものにするには、たくさんのプログラムを書いて、アウトプットすることが大切です。

フォトギャラリーの仕様を確認する

今回作成するフォトギャラリーは、選択中の写真画像とそのキャプションを表示する「メイン」部分と、選択可能な写真画像が一覧表示される「サムネイル」部分から構成されます。

フォトギャラリーに読み込まれる写真画像とそのキャプションは、データにまとめてプログラムで管理できるようにします。このデータを「アルバムデータ」と呼ぶことにしましょう。

フォトギャラリーの使い勝手をよくするために、選択できるサムネイルの数は、「アルバムデータ」に登録されているデータの数によって自動的に変更されるようにしましょう。

▶ アルバムデータからHTMLを作る

▶ ファイル構成

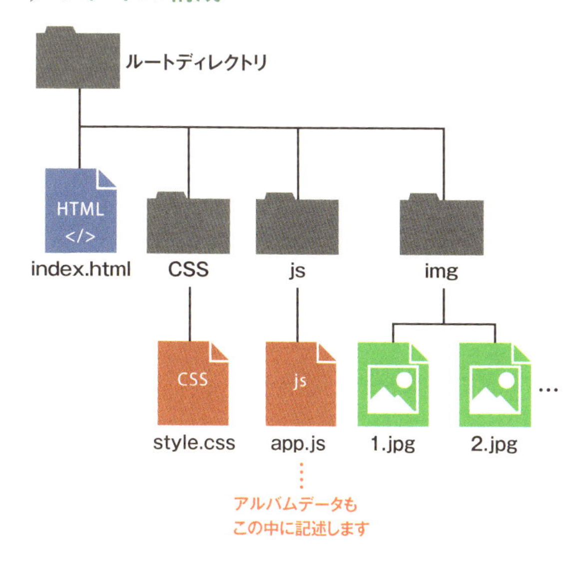

プログラムを作成する前に、機能を図に整理しておくとプログラミングがスムーズになります。

Lesson 48 [HTMLの操作の実践]

アルバムデータからHTMLを作りましょう

このレッスンのポイント

まずは、アルバムデータを読み込んでフォトギャラリーのHTMLを作る処理を記述していきましょう。JavaScriptでHTMLを作るとHTMLの構造がイメージしづらいので、事前に最終的にできあがるHTMLのイメージも合わせて確認しておきましょう。

データからHTMLを作る理由

今回作成するフォトギャラリーは、アルバムデータのデータ数に応じて表示される写真画像の数も変わります。例えば、アルバムデータが1枚分しかなければ、サムネイルも1枚分しか表示されませんが、データが10枚分あれば、サムネイルも10枚分が表示されます。データによって内容が変わる部分をはじめからHTMLファイルに記述することはできないので、HTML側にはフォトギャラリーを表示するための「表示枠」だけを作り、データによって内容が変わる部分はJavaScriptを使って、データからHTMLを作るようにします。

▶ 最終的にできあがるHTMLのイメージ

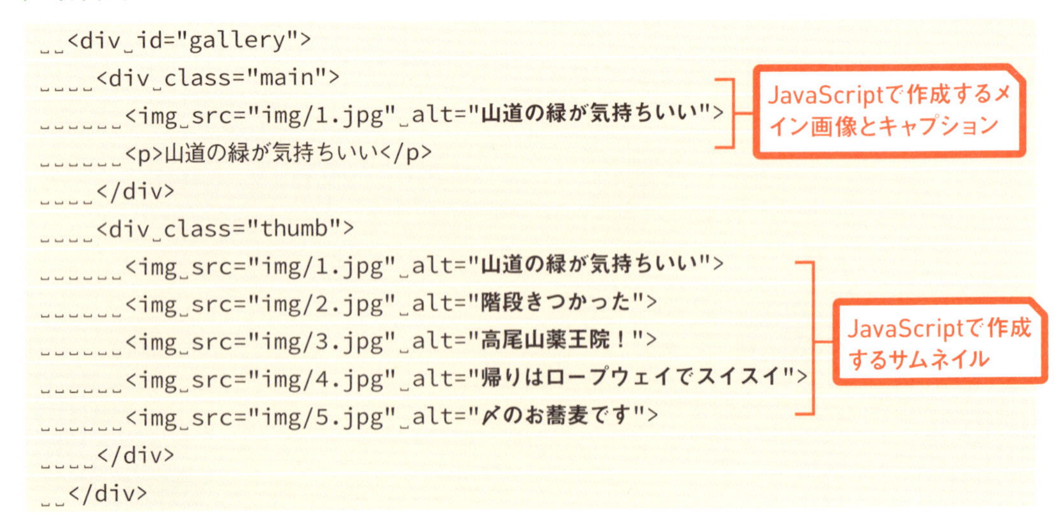

```
  <div id="gallery">
    <div class="main">
      <img src="img/1.jpg" alt="山道の緑が気持ちいい">
      <p>山道の緑が気持ちいい</p>
    </div>
    <div class="thumb">
      <img src="img/1.jpg" alt="山道の緑が気持ちいい">
      <img src="img/2.jpg" alt="階段きつかった">
      <img src="img/3.jpg" alt="高尾山薬王院！">
      <img src="img/4.jpg" alt="帰りはロープウェイでスイスイ">
      <img src="img/5.jpg" alt="〆のお蕎麦です">
    </div>
  </div>
```

フォトギャラリーの表示枠を作る

1 HTMLファイルを編集する 09/gallery/practice/index.html

まずは、HTMLでフォトギャラリーの「メイン」と「サムネイル」を表示する枠を準備しましょう。このレッスンのindex.htmlファイルをBracketsで開いて、以下のコードを記述してください。
HTMLファイルに記述するのはアルバムデータの内容にかかわらず必要な部分だけです。まずは、フォトギャラリーの表示枠をdiv要素で作成します。その中に、メインとサムネイルを表示する枠をそれぞれdiv要素で作成します❶❷。
実際に表示する写真画像やキャプションは、アルバムデータを元にJavaScript側で作成します。

```
008 <body>
009 ␣␣<div␣id="gallery">
010 ␣␣␣␣<div␣class="main">
011 ␣␣␣␣</div>
012 ␣␣␣␣<div␣class="thumb">
013 ␣␣␣␣</div>
014 ␣␣</div>
015 ␣␣<script␣src="js/app.js"></script>
016 </body>
```

❶ メインの枠を作成（010–011行）
❷ サムネイルの枠を作成（012–013行）

ここで作成したのはフォトギャラリーを表示するための"枠"だけなので、この時点でブラウザに何も表示されていなくてOKです。

ワンポイント データのやりとりに便利な「カスタムデータ属性」

このサンプルでは写真画像のキャプションを記憶するためにalt属性を使用しますが、本来alt属性は「写真画像が表示されなかったときに表示する代替テキスト」を指定する属性です。
今回は写真画像に関連するキャプションを記憶したのでalt属性でも問題ありませんが、例えば「写真画像に関連する音楽ファイルの名前」といったデータを指定したい場合はどうしたらいいでしょうか。
HTML要素に対して、HTMLの仕様にない任意のデータを記憶させたい場合は、「カスタムデータ属性」というオリジナルの属性を作ります。
カスタムデータ属性では「data-xxx」という形式で好きな属性名を付けることができ、任意のデータをHTML要素に関連付けてセットすることができます。

```
setAttribute('data-bgm',␣属性値); ······ カスタムデータ属性のセット
getAttribute('data-bgm'); ················ 属性値の参照
```

アルバムデータを作る

1 JavaScriptファイルを編集する 09/gallery/practice/js/app.js

続いて、フォトギャラリーで読み込む「写真画像」と「キャプション」をまとめたアルバムデータを作ります。このレッスンのapp.jsファイルをBracketsで開いて、以下のコードを記述してください。

今回は、albumという配列の中に、写真画像の場所を示す「src」プロパティと、キャプションを示す「msg」プロパティを持ったオブジェクトを格納していきます❶。

```
001 // アルバムデータの作成
002 var album = [
003   {src: 'img/1.jpg', msg: '山道の緑が気持ちいい'},
004   {src: 'img/2.jpg', msg: '階段きつかった'},
005   {src: 'img/3.jpg', msg: '高尾山薬王院！'},
006   {src: 'img/4.jpg', msg: '帰りはロープウェイでスイスイ'},
007   {src: 'img/5.jpg', msg: '〆のお蕎麦です'}
008 ];
```

❶ アルバムデータの配列を作成

Point オブジェクトを配列でまとめる

オブジェクトもデータの一種なので、配列でまとめることができます。また、配列もデータなので、オブジェクトの中に入れることもできます。呼び出す際にプロパティ名が必要なものは「オブジェクト」、必要ないものは「配列」でまとめると、扱いやすいデータになります。

日本語を使うときは、「'」などが全角にならないように、全角半角の切り替えに注意してください。

アルバムデータから最初の写真画像を表示する

1 メインの写真画像を準備する 09/gallery/practice/js/app.js

続いて、アルバムのデータからHTMLを作っていきます。
まず、フォトギャラリーを表示したときにアルバムの最初のデータを表示するようにしましょう。createElementメソッドで写真画像を表示するためのimg要素を作り、mainImageという変数に格納します❶。

次に、写真画像を表示するため、src属性に写真画像の場所を指定します。アルバムデータの最初のデータ「album[0]」から、写真画像の場所が記憶されているsrcプロパティ「album[0].src」を参照して、その値をセットします❷。
同様の手順で、alt属性にキャプションの値をセットします❸。

```
009
010 // 最初のデータを表示しておく
011 var mainImage = document.createElement('img');          ← 1 img要素を作成
012 mainImage.setAttribute('src', album[0].src);            ← 2 src属性をセット
013 mainImage.setAttribute('alt', album[0].msg);            ← 3 alt属性をセット
```

2 メインのキャプションを準備する

同じように、メインのキャプションを用意します。p要素を作成し❶、メインの写真画像のalt属性のテキストを表示します❷。

```
014
015 var mainMsg = document.createElement('p');              ← 1 p要素を作成
016 mainMsg.innerText = mainImage.alt;                      ← 2 キャプションをセット
```

HTMLのalt属性は「写真画像を表示できない場合に用いる代替テキスト」なので見栄えには影響しませんが、常に設定すべき属性です。

Chapter 9 フォトギャラリーを作成しよう

3 HTMLに反映する

最後に、メイン画像とキャプションを表示する要素を取得してmainFlameという変数に格納し❶、insertBeforeメソッドを使ってHTMLに挿入します❷。

これでアルバムの最初のデータがメイン画像として表示されます❸。

```
017
018 var mainFlame = document.querySelector('#gallery .main');
019 mainFlame.insertBefore(mainImage, null);
020 mainFlame.insertBefore(mainMsg, null);
```

1 要素を取得

2 要素を追加

アルバムの最初のデータが表示された

今回は前処理が長かったので、一発で表示できた人はすごいです。表示できなかった場合は、コンソールにエラーが出ていないか確認してみましょう。

Chapter 9 フォトギャラリーを作成しよう

サムネイルを表示する

1 アルバムデータを読み込む 09/gallery/practice/js/app.js

続いてサムネイル写真画像の表示を行います。このレッスンのapp.jsファイルをBracketsで開いて、以下のコードを記述してください。
まず、サムネイルを表示する枠の要素を取得して、thumbFlameという変数に格納しておきます❶。
次に繰り返し処理を使って、アルバムデータの読み込みとサムネイル写真画像を表示します❷。繰り返し処理の中では、まずサムネイルとなるimg要素を作成し、thumbImageという変数に格納します❸。次に、表示する写真画像のファイル名をsrc属性にセットして読み込ませます。さらに、写真画像に関するキャプションを、alt属性にセットします❹。最後に、HTMLに反映するため、thumbFlameの子要素にthumbImageを追加しています❺。
ここまでできたら、コードを上書き保存して、一度ブラウザで確認してみましょう❻。

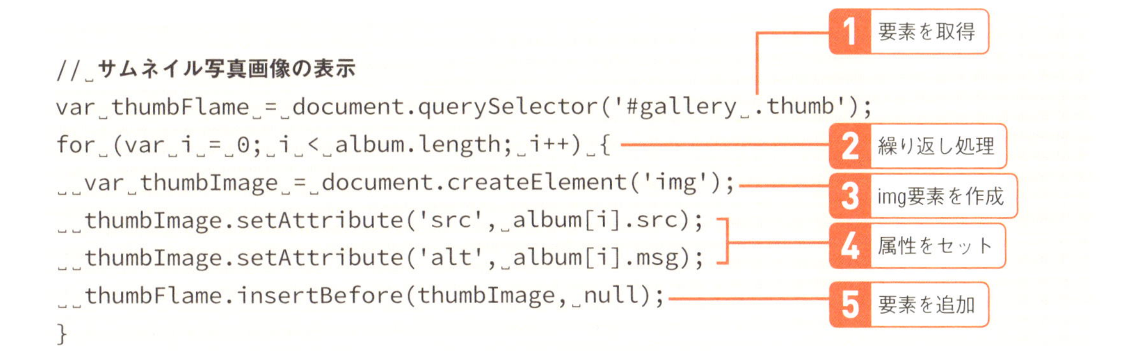

```
// サムネイル写真画像の表示
var thumbFlame = document.querySelector('#gallery .thumb');
for (var i = 0; i < album.length; i++) {
  var thumbImage = document.createElement('img');
  thumbImage.setAttribute('src', album[i].src);
  thumbImage.setAttribute('alt', album[i].msg);
  thumbFlame.insertBefore(thumbImage, null);
}
```

写真画像データがすべて表示された

この時点ではサムネイル画像も大きいままで表示されます。CSSを編集してサムネイルサイズに縮小します。

Lesson 49 [CSSの実践]

CSSで見た目を装飾しましょう

このレッスンのポイント

続いて、CSSで外観を整えていきます。CSSファイルにスタイルを記述しておけば、後からJavaScriptで追加したHTML要素にもスタイルが適用されます。ですからここではJavaScriptは特に編集せず、CSSファイルのみを編集していきます。

JavaScriptでのCSS操作は最小限にする

Chapter 6で説明したように、JavaScriptでHTML要素に直接スタイルを設定することもできますが、そうするとCSSファイルで指定したスタイルと別にJavaScriptで設定したスタイルが混在して管理しにくくなってしまいます。

一般的には、必要なスタイルをCSSファイルにあらかじめ記述しておいて、JavaScriptではclass属性やid属性を操作することで、適用するスタイルを切り替えます。これならCSSファイルだけでスタイルを一括管理できます。

▶ スタイルを適用するHTMLの構造

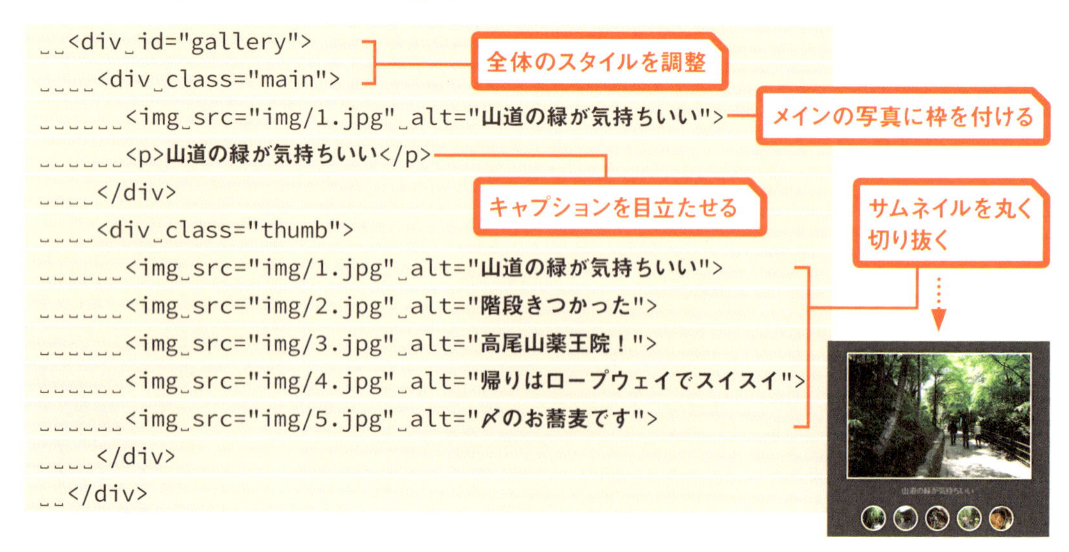

```
  <div id="gallery">
    <div class="main">
      <img src="img/1.jpg" alt="山道の緑が気持ちいい">
      <p>山道の緑が気持ちいい</p>
    </div>
    <div class="thumb">
      <img src="img/1.jpg" alt="山道の緑が気持ちいい">
      <img src="img/2.jpg" alt="階段きつかった">
      <img src="img/3.jpg" alt="高尾山薬王院！">
      <img src="img/4.jpg" alt="帰りはロープウェイでスイスイ">
      <img src="img/5.jpg" alt="〆のお蕎麦です">
    </div>
  </div>
```

全体のスタイルを調整
メインの写真に枠を付ける
キャプションを目立たせる
サムネイルを丸く切り抜く

全体のスタイルを指定する

1 全体のスタイルを指定する 09/gallery/practice/css/style.css

まずは全体のスタイルを指定していきます。このレッスンのstyle.cssファイルをBracketsで開いて、以下のコードを記述してください。
まずはbody要素で基礎的な部分を調整します。写真が映えるよう背景色を「background-color: #444;」でダークグレーに指定し、要素のサイズ指定にボーダーの太さが含まれるように「box-sizing: border-box;」を指定します。また、サムネイル画像やキャプションが中央ぞろえになるように「text-align: center;」を指定します❶。

```
001 body␣{
002 ␣␣background-color:␣#444;
003 ␣␣box-sizing:␣border-box;
004 ␣␣text-align:␣center;
005 }
```

❶ 背景色を設定して中央ぞろえにする

2 フォトギャラリーのレイアウトを指定する

フォトギャラリー全体（id名がgarellyのdiv要素）のレイアウトを調整します。中央ぞろえにして、やや上部に余白をとるため「margin: auto;」と「padding-top: 40px;」を指定します。メイン画像の幅を一定にするために「width: 500px;」と指定します❶。

```
006
007 #gallery␣{
008 ␣␣margin:␣auto;
009 ␣␣padding-top:␣40px;
010 ␣␣width:␣500px;
011 }
```

❷ 余白を調整

CSSが苦手な人はこのまま写すだけでもOKですが、CSSの知識を身につけるとJavaScriptで表現できることもぐっと広がりますよ。

NEXT PAGE 

写真とキャプションのスタイルを指定する

1 写真に枠を付ける 09/gallery/practice/css/style.css

ここでは、メインの写真（class属性がmainの要素の子のimg要素）に枠を付けていきます。
まず写真に白い枠線を付けるため「border: 4px solid #fff;」を指定しています。さらにシャドーで立体感を出すために「box-shadow: 0px 0px 14px #;」で黒いシャドーを付加しています。最後に、画像がギャラリーの幅いっぱいに広がるように「width: 100%;」を指定します❶。

```
012
013 #gallery␣.main␣img␣{
014 ␣␣border:␣4px␣solid␣#fff;
015 ␣␣box-shadow:␣0px␣0px␣14px␣#000;
016 ␣␣width:␣100%;
017 }
```

❶ 写真に枠を設定

2 キャプションを目立たせる

キャプション（class属性がmainの要素の子のp要素）が目立つように色を「color: #bbb;」で白色に、文字サイズを「font-size: 20px;」でやや大きく、文字の太さを「font-weight: bold;」で太めにします❶。

```
018
019 #gallery␣.main␣p␣{
020 ␣␣color:␣#bbb;
021 ␣␣font-size:␣20px;
022 ␣␣font-weight:␣bold;
023 }
```

❶ キャプションを設定

山道の緑が気持ちいい

サムネイルのスタイルを指定する

1 画像を小さく、丸くする

09/gallery/practice/css/style.css

サムネイルの画像（class属性がthumbの要素の子のimg要素）を小さく、丸くしていきます。
まず、画像を丸くするために「border-radius: 400px;」を指定します。次に、小さな円形で切り抜くために、高さと幅を「height: 60px;」「width: 60px;」で指定してます。最後に、サムネイルの間に間隔を設けるため「margin: 10px;」で余白を指定します❶。

```
024
025 #gallery .thumb img {
026   border-radius: 400px;
027   height: 60px;
028   margin: 10px;
029   width: 60px;
030 }
```

❶ サムネイルを整える

2 サムネイルに枠を付ける

最後に、メインの写真と同じように白枠とシャドーを指定して完成です❶。

```
025  #gallery .thumb img {
026   border:4px solid #fff;
027   border-radius: 400px;
028   box-shadow: 0px 0px 10px #000;
029   height: 60px;
030   margin: 10px;
031   width: 60px;
032 }
```

❶ 白枠とシャドーを設定

山道の緑が気持ちいい

スタイルが適用された

Lesson 50 ［イベント処理の実践］

表示する写真画像を選択できるようにしましょう

このレッスンのポイント

いよいよ最後の仕上げです。サムネイルをクリックしたら、メインに表示する写真が切り替わるようにしましょう。クリックで発生するイベントを利用して、メインの画像のsrc属性とalt属性を書き替えます。それだけでメイン画像の表示が更新されます。

クリックされた要素の情報を利用する

フォトギャラリーのメインとなる機能ですが、実現するのはそう難しくありません。
サムネイルがクリックされたことを検出するのは、Chapter 7で説明したイベントを利用すれば大丈夫です。サムネイル画像のsrc属性に画像のファイル名、alt属性にキャプションがセットされているので、それらをメインの画像とキャプションに移し替えれば写真が切り替わります。この処理は、イベントリスナー内でHTMLの属性値を取得・設定するメソッドを利用することで実現できます。

▶ メインの画像を切り替える仕組み

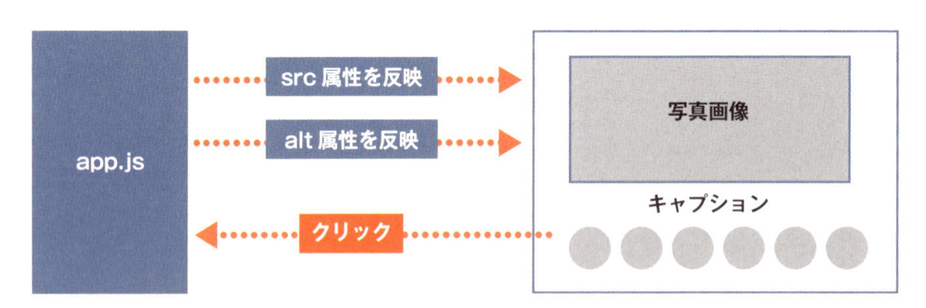

画面上は大きく変化しますが、JavaScriptでやることは属性などを書き替えるだけです。

写真画像を選択できるようにする

1 クリックイベントを登録する 09/gallery/practice/js/app.js

このレッスンのapp.jsファイルをBracketsで開いて、以下のコードを記述してください。
まずはクリックイベントを登録します。サムネイルのimg要素すべてにクリックイベントを登録していくとキリがないので、サムネイルの親要素である「thumbFlame」にクリックイベントを登録して❶、イベントが発生したときにクリックされたのがimg要素かどうか判定するようにします❷。

```
030
031 // クリックした画像をメインにする
032 thumbFlame.addEventListener('click', function(event) {
033   if (event.target.src) {
034     // ここに処理を記述していく
035   }
036 });
```

1 クリックイベントに登録

2 img要素かどうかを確認

Point img要素かどうかを判定する

クリックされた要素は、引数として無名関数に渡されたeventオブジェクトのtargetプロパティを用いて調べることができます。img要素のオブジェクトは、src属性の値を確認できるsrcプロパティを持っているので、if文で対象のオブジェクトにsrcプロパティが存在することを調べ、その場合のみ表示処理を実行するようにします。

なお、HTMLの要素が持つすべての属性が、JavaScriptのオブジェクトにプロパティとして提供されているわけではありません。srcl属性など主要なもののみです。プロパティがないものについては、getAttributeメソッドやsetAttributeメソッドを使って操作します（P.136、P.181参照）。

2　写真画像とキャプションを変更する

クリックした写真をメインの写真として表示する処理を記述します。「mainImage」のsrc属性に対し、クリックされたimg要素のsrc属性値を代入すれば、写真を表示することができます❶。同じ手順で「mainMsg」のテキストを、クリックされたimg要素のalt属性値に指定します❷。

```
// クリックした画像をメインにする
thumbFlame.addEventListener('click', function(event) {
  if (event.target.src) {
    mainImage.src = event.target.src;
    mainMsg.innerText = event.target.alt;
  }
});
```

1 src属性をセット
2 alt属性をセット

3　フォトギャラリーが完成した

お疲れさまでした。これまでに記述したコードを上書き保存して、ブラウザでindex.htmlを開いて動作を確認してみましょう。写真が切り替われば完成です。

写真画像とキャプションが切り替わった

1 サムネイルをクリック

お疲れさまでした。これでJavaScriptの基本はバッチリです。ここから先はさらに一歩進んだJavaScriptの利用方法を学んでいきます。

Chapter

10

便利なjQueryを使用してみよう

この章では、JavaScriptをより便利に利用することができるjQueryという技術を学びます。Web制作の現場で標準的に使われているライブラリです。

Lesson 51

[jQueryの概要]

jQueryとは何かを知りましょう

このレッスンのポイント

jQueryは、JavaScriptで使用できる便利なプログラムをまとめたライブラリです。さまざまな便利なメソッドがあらかじめ定義されているので、標準のJavaScriptのルールで書くと煩雑になってしまうようなプログラムも、jQueryを使えば簡潔に記述することができます。

便利な機能を集めた「ライブラリ」

より質の高いプログラムを、より素早く作成するにはどうしたらいいでしょうか。
例えば、家の建築では、すべてを0から作成するのではなく、既存の部品をうまく組み合わせることで、より質の高い家を、より素早く建築しています。プログラムでも、部品となるプログラムを用意し、うまく組み合わせることができれば、より質の高いプログラムを、より素早く作成することができそうです。
この観点から、汎用性の高いプログラムを再利用可能な形でまとめたものを「ライブラリ」といいます。
JavaScriptにも、無料で使用できるさまざまなライブラリが存在しています。

▶ライブラリを導入すると……

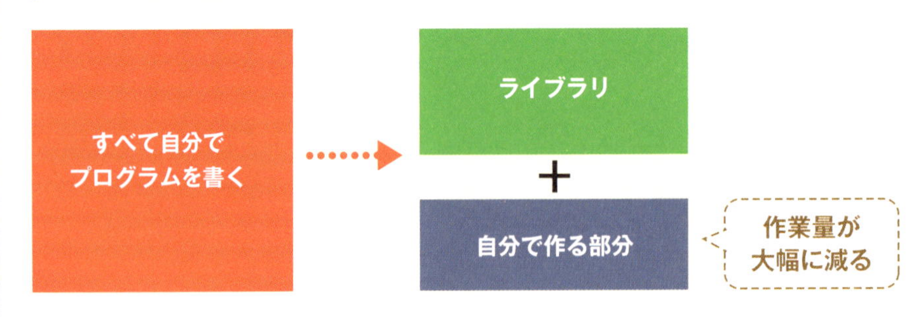

ライブラリをうまく利用できれば、プログラミングにかかる時間がぐっと短くなります。

最も人気のライブラリ「jQuery」

JavaScriptのライブラリの中で、現在最も広く利用されているのが「jQuery（ジェイクエリー）」と呼ばれるライブラリです。jQueryを使うと、主にDOM操作に関するプログラムをよりシンプルに記述することができます。本来であれば十数行になるプログラムを数行で記述することができたり、より理解しやすい記述ができることから、非常に多くのWeb制作者に利用されるライブラリとなっています。

▶ jQueryでできること

- DOM操作（HTML要素の操作）をよりシンプルに記述できる
- ブラウザごとの細かな挙動の違いを意識しなくてすむようになる
- アニメーションに便利な関数を豊富に利用できる
- Ajax（エイジャックス）と呼ばれる処理を簡単に記述することができる

▶ jQueryでコードがシンプルになる

```
var element = getElementById('element');
element.innerHTML = '<p>こんにちは</p>';
```

「こんにちは」と表示する処理

↓

```
$('#element').html('<p>こんにちは</p>');
```

jQueryを使用して書き替えたもの

jQueryを利用することでコードが短く、スッキリした記述になりましたね。

Lesson 52

[jQueryの準備]

jQueryを利用する準備をしましょう

このレッスンのポイント

jQueryを利用するには、公式サイトで配布されているJavaScriptファイルを読み込む必要があります。本書のサンプルファイルではあらかじめjQueryが利用できるようにしてありますが、このレッスンで一連の手順を確認しておきましょう。

jQueryを利用するには？

jQueryを利用するには、jQueryのJavaScriptファイルをHTMLに読み込んでおく必要があります。読み込み方は大きく2種類あり、公式サイトからファイルをダウンロードしておく方法と、インターネットで公開されているCDNから読み込む方法（P.199参照）があります。どちらもよく利用される方法ですが、学んでいるときは、公式サイトからファイルをダウンロードしておけば、インターネットにつながっていなくてもjQuery利用できます。以下では、その手順を確認していきましょう。

▶ jQueryを利用するときの一般的なファイル構成

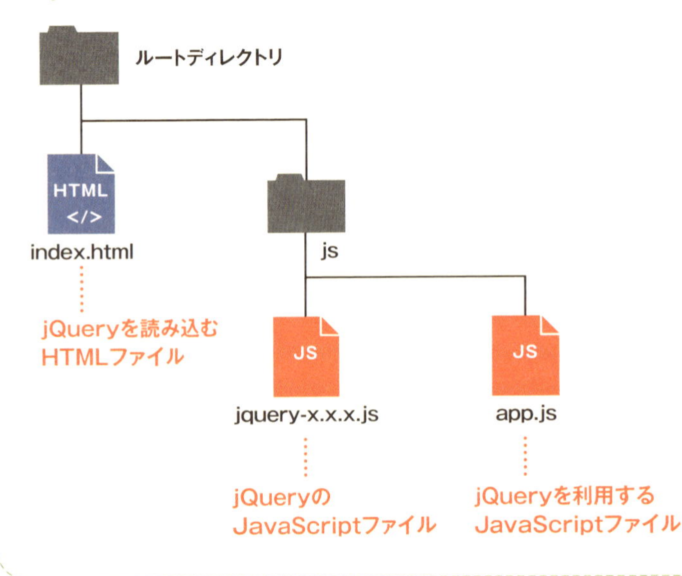

次のレッスン以降では、jQueryファイル（jquery-3.1.1.min.js）をあらかじめサンプルファイルの中に設置しているので、あらためてダウンロードしなくても大丈夫です。

jQueryを利用する準備をする

1 jQueryをダウンロードする

jQueryは公式Webサイト（https://code.jquery.com/）からダウンロードすることができます。本書では、執筆時点の最新バージョンである3.1.1（https://code.jquery.com/jquery-3.1.1.min.js）を使用します。このバージョンは、本章以降のサンプルファイルにあらかじめ設置してあるので、あらためてダウンロードする必要はありません。以下では、今後最新版のjQueryを使用するときのために、公式WebサイトからjQueryをダウンロードする方法を解説します。

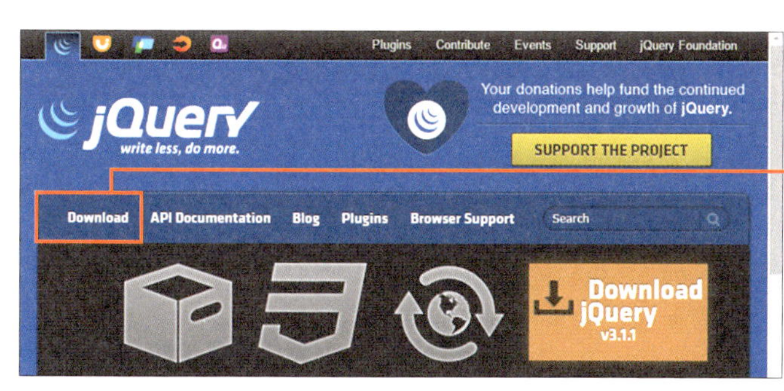

1 jQueryのページ（https://jquery.com/）を表示

2 [Download] をクリック

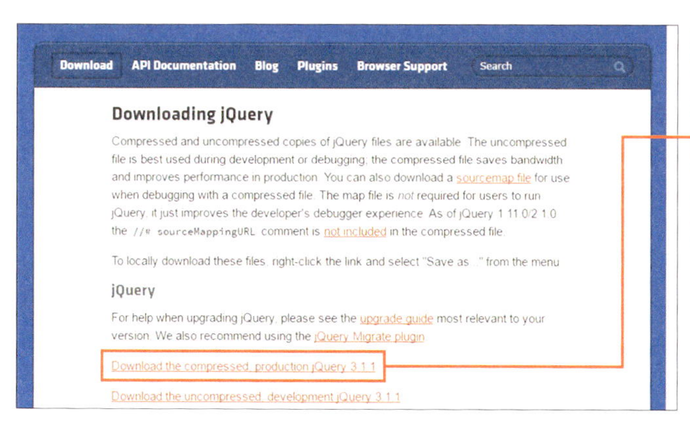

ダウンロードページが表示された

3 [Download the compressed, production jQuery 3.x.x] をクリック

「jquery-3.x.x.min.js」がダウンロードされる

production（製品用）とdevelopment（開発用）のファイルがありますが、プログラムの内容は同じです。productionはコメントなどが排除され、ファイルサイズが小さくなっています。

2 jQueryを読み込む 10/jquery/practice/index.html

jQueryを利用するには、jQueryファイルをHTMLファイルから読み込む必要があります。jQueryもJavaScriptで記述されているので、JavaScriptファイルと同様の方法で読み込むことができます。
まずはこのレッスンのサンプルファイルを開いてください。今回は、ダウンロードしたjQueryファイルをjsフォルダの中に設置して、index.htmlから読み込む記述を行います。 本書では、jQueryファイル「jquery-3.1.1.min.js」をあらかじめjsフォルダの中に設置しているので、そちらを利用していきます（最新バージョンのjQueryファイルを利用する場合は、jquery-3.1.1.min.jsを最新バージョンのjQueryファイルと置き換えてください）。index.htmlをBracketsで開いて、以下のコードを記述してください❶。

```
008 <body>
009 ␣␣<script␣src="js/jquery-3.1.1.min.js"></script>
010 ␣␣<script␣src="js/app.js"></script>
011 </body>
```

1 jQueryを読み込む

jQueryファイルは、jQueryを利用するファイルより前に読み込む必要があります。

3 jQueryを利用する 10/jquery/practice/js/app.js

jQueryを一度読み込んでしまえば、それ以降はプログラムのどこでもjQueryを使用することができます。実際にjQueryを少しだけ記述して、動作確認を行って見ましょう。
このレッスンのapp.jsファイルをBracketsで開いて、以下のプログラムを記述してください❶。

```
001 $(document).ready(function␣()␣{
002 ␣␣$('body').html('<p>jQueryの動作チェック</p>');
003 });
```

1 jQueryを使ったプログラムを書く

Point このプログラムがやっていること

今回は動作確認が目的なので、プログラムの意味がわからなくても大丈夫ですが、このプログラムでは「プログラムを実行する準備が整ったら、body要素にp要素を追加して"jQueryの動作チェック"と表示する」という処理を行っています。

4 プログラムが完成した

プログラムが完成したら、内容を上書き保存して、index.htmlをブラウザで開いて動作を確認しましょう。1行のメッセージが表示されれば成功です。

jQueryの動作チェック

「jQueryの動作チェック」と表示された

ワンポイント CDNからjQueryを利用する

ダウンロードしたファイルを読み込む代わりに、jQueryをインターネット経由で利用することもできます。利用するには、HTMLファイルのjQueryを読み込みたい場所で、以下のコードを記述すればOKです。この方法では、jQueryをCDNと呼ばれる「データ配信に特化したネットワーク」から利用するので「CDNで利用する」といったりします。

CDNからjQueryを利用するメリットは、Webサイトを素早く表示できることにあります。jQueryを使用しているサイトをはじめて訪問すると、ブラウザがjQueryをキャッシュとして保存するので、次回以降、Webサイトを素早く表示できるようになります。

CDNのjQueryはさまざまなサイトから利用されているので、ユーザーがはじめてWebサイトを訪れたときも、他のWebサイトでCDNのjQueryを読み込んでいれば、より素早くWebサイトを表示することができます。

▶ CDNからjQueryを読み込むコード

```
<script
  src="https://code.jquery.com/jquery-3.1.1.min.js"
  integrity="sha256-hVVnYaiADRTO2PzUGmuLJr8BLUSjGIZsDYGmIJLv2b8="
  crossorigin="anonymous"></script>
```

CDNはインターネットに接続していないと利用できないことを忘れないでください。

Lesson 53

[jQueryの基本構文]

jQueryの基本的な書き方を学びましょう

このレッスンのポイント

jQueryでは「どのHTML要素で」「どのタイミングで」「どんな操作をするか」という3つを指定しながら、プログラミングを行います。書き方のパターンが統一されているので、覚えてしまえばすぐに使いこなせるはずです。

$( )を中心にプログラムを書いていく

jQueryも基本的なルールはJavaScriptの仕様にのっとっていますが、jQueryのプログラムをはじめて見たときに気になるのは、$がたくさん出てくることでしょう。この$には、jQueryの機能を提供してくれる「jQueryオブジェクト」が代入されているので、$を通じて、jQueryのさまざまなプロパティやメソッドを利用することができます。

jQueryの基本的な使い方は、$(セレクタ)と書いて、目的の要素を取得し、そのメソッドを利用してさまざまな操作を実行していくというものです。

▶ jQueryの基本的な書き方

```
$('#menu dt').slideToggle( );
```

$('#menu dt')：セレクタで要素を選択

slideToggle( )：メソッドで操作する

「#menu dt」というセレクタに該当する要素の表示／非表示を切り替える

▶ $( )はjQueryメソッドの短縮形

```
$('#menu dt').slideToggle();

jQuery('#menu dt').slideToggle();
```

どちらの書き方でもOK

イベントは専用のメソッドで設定する

jQueryでイベントを設定する場合、click()などのイベント名のメソッドを利用します。引数に関数を指定して、実行したい処理を記述するのは、通常のJavaScriptと同じですね。イベントについては、この後のレッスンでさらに詳しく触れていきます。

▶ body要素にクリックイベントを登録する例

```
$('body').click(function() {
  // 実行したい処理
});
```

jQueryを利用したプログラムの記述場所

JavaScriptのプログラムはHTML要素を操作するので、HTML要素の準備ができた後に実行されることが重要でしたね。そのため、これまでJavaScriptファイルを読み込むscript要素を、</body>の直前に書くようにしていました。
jQueryでも同じようにする必要がありますが、</body>の直後に書く代わりに、HTML要素の準備ができたときに発生するreadyイベントを利用する記述も一般的です。
jQueryでは下記のようにreadyメソッドを使用します。また、readyメソッドは下記のように省略して記述することもできます。また、$()の中に無名関数を書いた場合もreadyメソッドと同じ働きをします。

▶ readyメソッドを利用した書き方

```
$(document).ready(function() {
  ここにJavaScriptのプログラムを書く
});
```

▶ $()を利用したよりシンプルな書き方

```
$(function() {
  ここにJavaScriptのプログラムを書く
});
```

以降はシンプルな省略版の記述を使用していきます。

Lesson 54 [セレクタとjQueryオブジェクト]

セレクタの書き方を学びましょう

このレッスンのポイント

jQueryの基本的な書き方は理解できましたか？ このレッスンでは、jQueryでHTML要素を選択するためのセレクタの書き方について、さらに深く学んでいきます。基本的にはCSSのセレクタと共通ですが、jQuery独特の書き方もあります。

基本はCSSのセレクタと同じ

jQueryで操作対象のHTML要素を選択するには、jQueryメソッドを用います。jQueryメソッドは利用頻度が最も多いので、「$()」と省略して記述することができ、省略形のほうがよく利用されます。

引数には、HTML要素を特定するための「セレクタ」を指定します。セレクタの指定方法はCSSと同じものがひと通り使えるため、「ある要素の子要素」などを簡単に選択できます。

▶基本構文

```
$('#sample');
```

セレクタ

▶セレクタの利用例

```
$('#sample'); ……………… id='sample'の要素を選択
$('#sample p'); ………… id='sample'の要素の子孫要素であるp要素を選択
$('.sample > p'); …… class='sample'の要素の子要素であるp要素を選択
```

複数のイベントに同じ処理を登録できる

より複雑なイベントを登録するためにonメソッドが用意されています。これを使用すると、複数のイベントに対して同じ処理を登録することもできます。例えば、「マウスが乗ったとき」または「マウスが離れたとき」という2つのイベントに同一の処理を登録したい場合は、スペースで区切って、以下の例文のように記述します。また、offメソッドを使用すると、イベントに登録した処理を取り消すことができます。

▶ onメソッドでイベントを登録する

```
// id属性がareaの要素の上にマウスが乗ったり離れたりするたびに文字を表示
$('#area').on('mouseover mouseout', function () {
  console.log('マウスが要素の境界を移動しました');
});
```

▶ offメソッドでイベントを解除する

```
// id属性がbuttonの要素から、イベントに登録された処理すべてを取り除く
$('#button').off();

// id属性がbuttonの要素から、clickイベントに登録された処理すべてを取り除く
$('#button').off('click');
```


イベントに登録するときはon ()、登録を解除するときはoff () とセットで覚えましょう

Lesson 56

[jQueryの実践①]

ドロップダウンメニューを作成してみましょう

このレッスンのポイント

jQueryの基本的な使い方はイメージできましたか? このレッスンではさっそくjQueryを使ってドロップダウンメニューを作成してみたいと思います。いきなり実践ですが、座学ばかりでは飽きてしまうもの。手を動かしながら理解を深めていきましょう。

ドロップダウンメニューの完成イメージ

メニューやタブなど、ユーザーが操作する部分を「ユーザーインターフェース(UI)」といいます。HTMLでもボタンなどのUIは標準で作成できますが、ここで作成するドロップダウンメニューなどはHTMLだけで作ることはできません。

今回は「ドリンクメニュー」をクリックしたら、その詳細が表示されるドロップダウンメニューをjQueryを使って作成してみましょう。

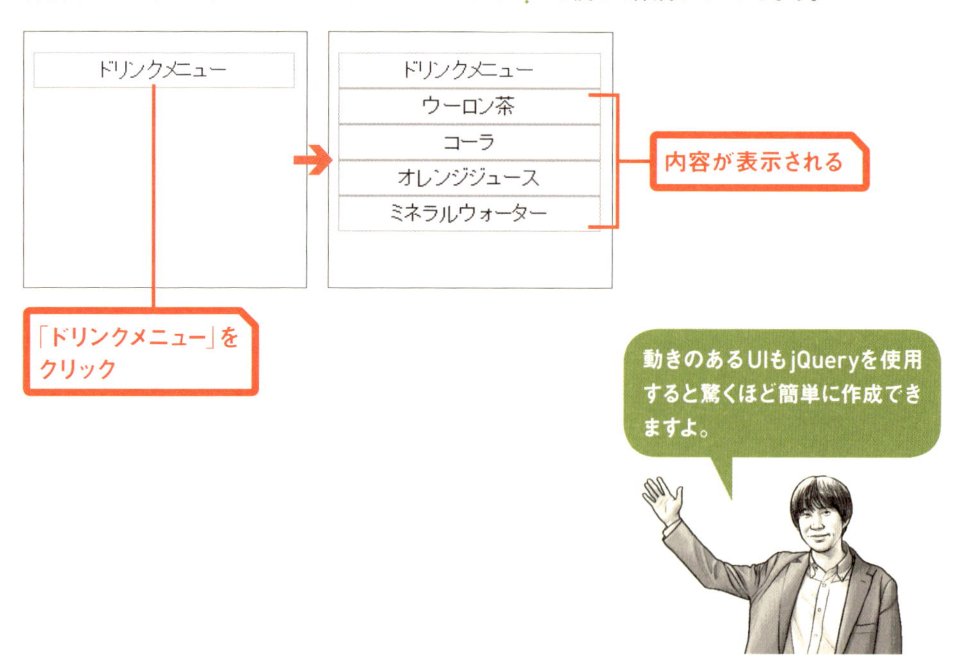

ドロップダウンメニューの外観を作る

1 HTMLファイルを編集する 10/dropmenu/practice/index.html

このレッスンのindex.htmlファイルをBracketsで開いて、以下のコードを記述し上書き保存してください。まずは、定義リスト「dl」を使用して、ドロップダウンメニューの大枠を作成します。このdl要素のid属性に「menu」を指定しておきます❶。続いて「dt」にドリンクメニュー、「dd」にdtに対応する各ドリンク名を入力していきます❷。

```
008 <body>
009 ␣␣<dl␣id="menu">
010 ␣␣␣␣<dt>ドリンクメニュー</dt>
011 ␣␣␣␣<dd>ウーロン茶</dd>
012 ␣␣␣␣<dd>コーラ</dd>
013 ␣␣␣␣<dd>オレンジジュース</dd>
014 ␣␣␣␣<dd>ミネラルウォーター</dd>
015 ␣␣</dl>
016 ␣␣<script␣src="js/jquery-3.1.1.min.js"></script>
017 ␣␣<script␣src="js/app.js"></script>
018 </body>
```

❶ dl要素を追加

❷ dt、dd要素を追加

ドリンクメニュー
ウーロン茶
コーラ
オレンジジュース
ミネラルウォーター

2 CSSファイルを編集する 10/dropmenu/practice/css/style.css

次に、このレッスンのCSSファイルを編集して、ドロップダウンメニューがすべて表示された状態のスタイリングを施していきます❶。

```
001 #menu␣*␣{
002 ␣␣border:␣solid␣1px␣#aaa;
003 ␣␣margin:␣0;
004 ␣␣padding:␣5px;
005 ␣␣text-align:␣center;
006 ␣␣width:␣200px;
007 }
008
009 #menu␣dd␣{
010 ␣␣background:#eee;
011 ␣␣border:␣solid␣1px␣#aaa;
012 ␣␣text-align:center;
013 }
```

❶ CSSを追加

ドリンクメニュー
ウーロン茶
コーラ
オレンジジュース
ミネラルウォーター

ドロップダウンメニューの動きを作る

1 メニューを隠しておく 10/dropmenu/practice/css/style.css

まず、クリック前に表示されていない、dd要素（各メニューの部分）をCSSで隠しておきましょう。先ほど編集したstyle.cssファイルをBracketsで開いて、「display: none;」を追加します❶。

```
009 #menu dd {
010   background:#eee;
011   border: solid 1px #aaa;
012   display: none;
013   text-align:center;
014 }
```

❶ dd要素を非表示にする

2 jQueryのコードを書き始める 10/dropmenu/practice/js/app.js

jQueryを使用してメニューの表示を切り替える処理を記述していきましょう。このレッスンのapp.jsファイルをBracketsで開いて、以下のコードを記述し上書き保存してください。まずは、jQueryを使用する際のお約束の記述として、「HTML要素の準備ができたタイミング」までjQueryの実行を待つように記述します❶。

```
001 $(function () {
002   // ここに行いたい処理を追記していきます
003 });
```

❶ 読み込み完了後に実行

3 クリックイベントに登録する

続いて「ドリンクメニュー」がクリックされたときの処理をクリックイベントに登録します。「#menu dt」というセレクタでメニュー内のdt要素を選択し、clickメソッドの引数として無名関数を記述します❶。

```
001 $(function () {
002   $('#menu dt').click(function () {
003     // ここに、クリック時に行いたい処理を追記していきます
004   });
005 });
```

❶ クイックイベントに登録

4 メニューの表示／非表示を切り替える

表示／非表示を切り替えるためにslideToggleメソッドを使用します。「#menu dd」というセレクタでdd要素を選択し、slideToggleメソッドを呼び出します❶。

```
001 $(function␣()␣{
002 ␣␣$('#menu␣dt').click(function␣()␣{
003 ␣␣␣␣$('#menu␣dd').slideToggle();
004 ␣␣});
005 });
```

❶ slideToggleメソッドを追加

Point slideToggleメソッド

jQueryには、HTML要素の表示／非表示を切り替えるtoggleメソッドや、表示／非表示をスライドするように切り替えるslideToggleメソッドが用意されています。slideToggleメソッドはjQueryによって提供されるメソッドで、指定したHTML要素の高さを操作してslideDown/slideUpの動作を交互に行います。引数には、1/1000秒単位で、変化にかかる時間を指定することができます。

5 プログラムが完成した

プログラムが完成したら、内容を上書き保存して、index.htmlをブラウザで開いて動作を確認しましょう。「ドリンクメニュー」をクリックすると子のメニュー項目が表示され、もう一度クリックすると折りたたまれます。

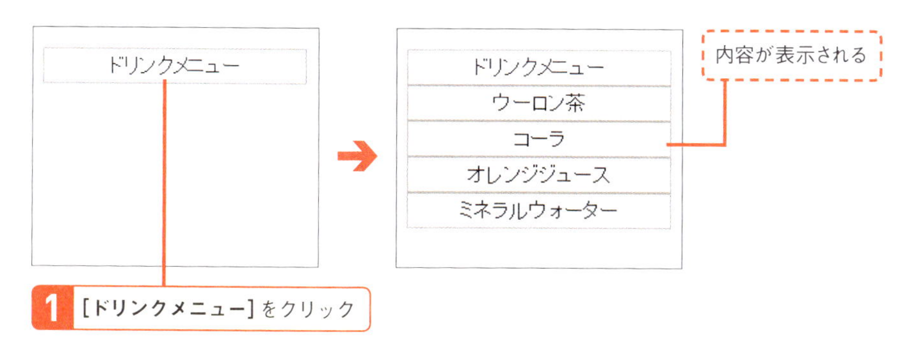

Lesson 57 [jQueryの実践②]

Topに戻るボタンを作成しましょう

このレッスンのポイント

ここまで学んだ知識の復習も込めて「ページの先頭に戻るボタン」を作成してみましょう。ブログなど長文を読ませるWebサイトでよく見かけるパーツですね。スムーズにアニメーションするanimateメソッドや、スクロールイベントを検出するscrollメソッドを利用します。

Topに戻るボタンの仕組み

縦に長いWebページだと、下のほうまで読み進めてから先頭まで戻るのが大変です。こんなときに便利なのが「Topに戻る」ボタンです。jQueryを利用すると、クリック1つでスムーズにページの先頭まで戻るボタンを簡単に作ることができます。

今回はただ先頭に戻るだけでなく、戻っていく様子が確認できるアニメーションを使用します。

▶ Topに戻るボタンの仕組み

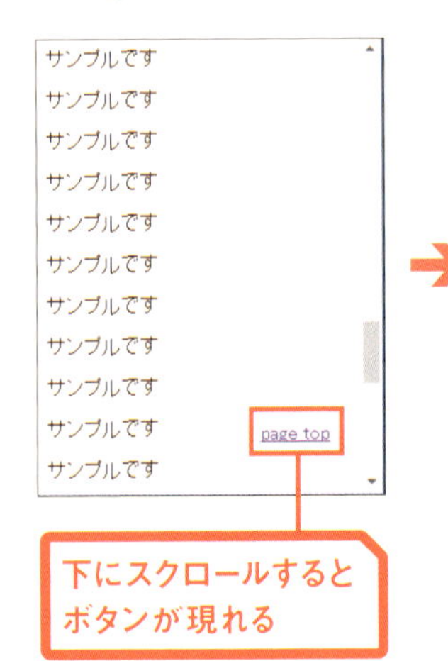
サンプルです
page top
下にスクロールするとボタンが現れる

サンプルです
ボタンをクリックするとスムーズに先頭に戻る

アニメーションを使うと「何がどう変化したか」がわかりやすくなるので、よりユーザーに親切なUIデザインになります。

Topに戻るボタンの外見を作る

1 HTMLファイルを編集する 10/scrolltop/practice/index.html

それでは今回も見た目から作成していきましょう。このレッスンのindex.htmlファイルをBracketsで開いて、以下のコードを記述し上書き保存してください。なお、このレッスンのファイルもjQueryの読み込み処理があらかじめ記載されています。まずは、スクロールが必要となるように「<p>サンプルです</p>」という段落要素をたくさん作っておきます❶。そして最後に「page top」と記述したページ内リンクを設置し、id属性に「scrollTop」と指定しておきます。これがボタンになります❷。

```
008 <body>
009 ␣␣<p>サンプルです</p>
010 ␣␣<p>サンプルです</p>
    ␣␣:
081 ␣␣<p>サンプルです</p>
082 ␣␣<p␣id="scrollTop"><a␣href="#">page␣top</a></p>
083 ␣␣<script␣src="js/jquery-3.1.1.min.js"></script>
084 ␣␣<script␣src="js/app.js"></script>
085 </body>
```

1 段落要素を追加

2 ページ内リンクを追加

2 CSSファイルを編集する 10/scrolltop/practice/css/style.css

次に、このレッスンのCSSファイルを編集して、「page top」にボタンとしてのスタイリングを施していきます。また、ボタンが表示されても閲覧のじゃまにならないように、画面右下に固定して表示されるように調整します❶。

```
001 #scrollTop␣{
002 ␣␣background-color:␣#eee;
003 ␣␣bottom:␣20px;
004 ␣␣padding:␣4px;
005 ␣␣position:␣fixed;
006 ␣␣right:␣20px;
007 }
```

1 CSSを追加

サンプルです
サンプルです
サンプルです
サンプルです
サンプルです
サンプルです
サンプルです
サンプルです
サンプルです
サンプルです
page top
サンプルです

Topに戻るボタンの表示/非表示を切り替える

1 最初はボタンを消しておく 10/scrolltop/practice/js/app.js

さて、a要素にページ内リンクがあるのでこのままでも先頭に戻ることはできますが、一瞬で戻るので少しわかりづらいですよね。また、スクロールする前の先頭にある状態でも表示されているので、使用しないときは非表示にしたいものです。まず、初期状態では、ボタンが表示されないように変更しましょう。お約束のHTML要素の準備を待つ記述をし❶、ページ内リンクの要素をセレクタ「#scrollTop」で選択します❷。そして、hideメソッドを使用して表示を非表示にします❸。

```
001 $(function␣()␣{
002 ␣␣//␣上に戻るボタンの初期化
003 ␣␣var␣topBtn␣=␣$('#scrollTop');
004 ␣␣topBtn.hide();
005 });
```

❶ 読み込み完了後に実行
❷ 要素を選択
❸ 非表示にする

「$ ('#scrollTop')」で取得したjQueryオブジェクトは以降のコードでも使用するので、一度変数topBtnに格納しておきます。

2 ボタンをフェードイン/フェードアウトする

次に、ユーザーがスクロールして「Topに戻る」ボタンの必要性が出てきたら、ボタンをフェードインさせるコードを記述していきます。まずスクロールが起きるたびに処理を行うため、windowオブジェクトのスクロールイベントに対して処理を登録します❶。「$this.scrollTop()」でwindowのスクロールの位置を取得して、もしスクロール位置が200ピクセル以上ならボタンをフェードインで表示し、そうでなければボタンをフェードアウトで非表示にします❷。スクロール位置の「200」は適当な値を指定しているので、不都合があれば多少増減してもかまいません。この時点で内容を上書き保存して、index.htmlをブラウザで開いて、スクロールしたときにボタンのフェードイン/フェードアウトが正しく動作するか確認しましょう。

```
005
006 //␣ある程度スクロールされたら、上に戻るボタンを表示する
007 ␣␣$(window).scroll(function(){
008 ␣␣␣␣if␣($(this).scrollTop()␣>␣200)␣{
009 ␣␣␣␣␣␣topBtn.fadeIn();␣//␣フェードインで表示
010 ␣␣␣␣}else{
011 ␣␣␣␣␣␣topBtn.fadeOut();␣␣//␣フェードアウトで非表示
012 ␣␣␣␣}
013 ␣␣});
```

1 スクロールイベントに登録

2 位置に応じてボタンを表示

ワンポイント 表示／非表示を切り替えるメソッド

ここでは一瞬で非表示にするhideメソッドと、徐々に透明度を変えながら表示／非表示を切り替えるfadeOutメソッド／fadeInメソッドを使用しています。jQueryにはその他にも表示／非表示を切り替えるメソッドがいくつか用意されています。

いずれのメソッドも、表示・非表示にかかる時間（ミリ秒＝1000分の1秒単位）を引数に指定できます。

▶ fadeOut、fadeInメソッドの例

```
$('#button').fadeOut();
$('#button').fadeIn(1000);
```

$('#button').fadeOut(); …… id属性がbuttonの要素をフェードアウトする

$('#button').fadeIn(1000); … id属性がbuttonの要素を1秒かけてフェードインする

▶ その他の表示・非表示に関するメソッド

メソッド	用途
.show()	非表示状態にある要素を表示する
.hide()	表示状態にある要素を非表示する
.fadeIn()	非表示の要素をフェードインさせる
.fadeOut()	表示の要素をフェードアウトさせる
.toggle()	要素の透明度を操作して表示・非表示を切り替える
.slideToggle()	要素の高さを操作して表示・非表示を切り替える

先頭にスムーズに戻るアニメーションを付ける

1 ページ内リンクによる移動を無効化する

最後に、ボタンクリック時にページの先頭にスムーズに戻るためのアニメーションを付けていきます❶。クリックする要素はページ内リンクなので、まずはページ内リンクによる移動を無効化する処理を記述します。イベント発生時にWebブラウザが標準で実行する動作をキャンセルするにはpreventDefaultメソッドを用います。preventDefaultメソッドは「どのイベントの後続処理をキャンセルするか」を指定する必要があります。JavaScriptのイベントでは、引数にイベントに関する情報が詰まった「イベントオブジェクト」が格納されるので、今回はそれを使用します❷。

```
014
015   // クリックで上に戻るボタン
016   topBtn.click(function (event) {
017     event.preventDefault();
018   });
```

❶ クリックイベントに登録
❷ 動作をキャンセル

2 アニメーションを設定する

続いてアニメーションを指定し、プログラムを完成させます。「body,html」をセレクタに指定して、animateメソッドでアニメーションを付けます。第1引数には、スクロール位置を0に戻す記述を、第2引数にはアニメーションで変化させる時間を指定します。ここも好みで調整していいのですが、今回は早すぎず、遅すぎない0.5秒（500ミリ秒）を指定しています❶。

```
013   // クリックで上に戻るボタン
014   topBtn.click(function (event) {
015     event.preventDefault();
016     $('body,html').animate({
017       scrollTop: 0
018     },500);
019   });
```

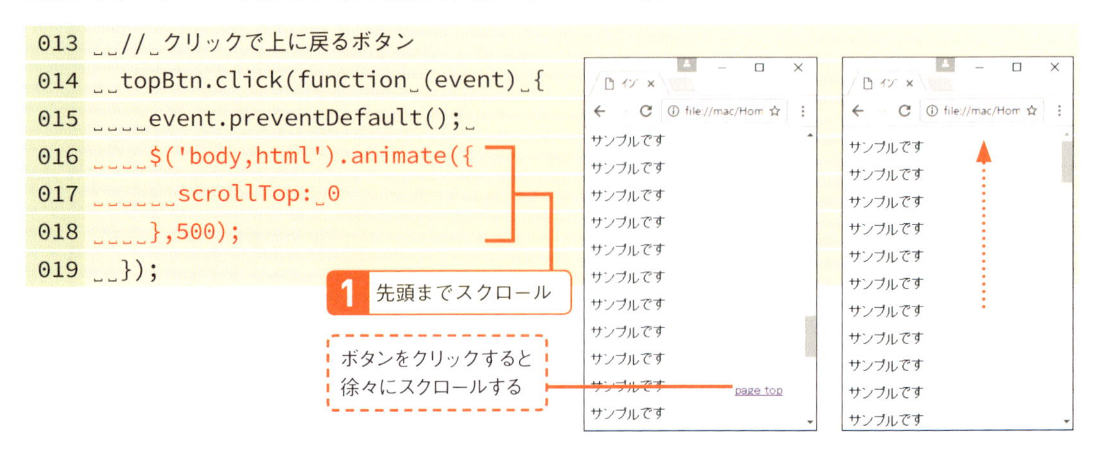

Point セレクタにbodyとhtmlの両方を指定する理由

animateでscrollTopを指定している部分で、なぜbodyとhtmlの両方をセレクタに使用しているのか不思議に思った人もいるかもしれません。これはブラウザによって、html要素のscrollTopを指定すべき場合と、body要素のscrollTopを指定すべき場合があるためです。htmlとbodyの両方の要素を指定しておけば、どのブラウザでも問題なく動作させることができます。

animateメソッドはスクロール以外にも、CSSのスタイルなどを徐々に変化させるために使えます。

ワンポイント animateメソッドの使い方

animateメソッドは、指定した時間をかけてスタイルを徐々に変化させます。今回はスクロール位置の変更に使用していますが、CSSのスタイルならたいていのものを変化させられます。
引数には、スタイルのプロパティの名前と値をまとめたオブジェクトを渡します。使用できるプロパティ名は基本的にCSSと同じものが用意されていますが、JavaScriptでは名前にハイフン「-」が使用できないので、CSSプロパティで「-」と表記される部分は、「-」の代わりに「-」の後の単語を大文字にし、「backgroundImage」のように記述します。
ちなみにscrollTopは例外で、CSSのプロパティではなくHTMLのプロパティです。

▶ animateメソッドの構文

```
$(セレクタ).animate({
  プロパティ名: プロパティ値,
  プロパティ名: プロパティ値,
   ⋮
  }, 変化時間);
});
```

Lesson 58

[jQueryプラグイン]

jQueryプラグインを使ってスライドショーを作成しましょう

このレッスンのポイント

jQueryでは、簡単に機能を追加することができるプログラムがたくさん公開されています。このようなプログラムを「jQueryプラグイン」といいます。このレッスンでは、「slick」というjQueryプラグインを使ってスライドショーを作ってみましょう。

jQueryプラグインで簡単に機能を追加できる

jQueryプラグインはjQueryを使って作られた機能を拡張するプログラムで、さまざまな機能を持つものが公開されており、スライドショーやグラフなどを簡単に作ることができます。

ただしjQueryプラグインのクオリティは玉石混淆で、再利用性が考慮されていないプラグインを使用すると、うまく動作しなかったり、他のプログラムに悪影響を及ぼしたりすることもあります。プラグイン公式サイトで紹介されているものを利用するか、人気と実績のあるプラグインを探して利用するといいでしょう。

jQueryプラグインの利用方法は、プラグインごとに異なるので、マニュアルやサンプルコードを参考に利用する必要があります。また、プラグインには利用条件が設けられているものもあります。実際に利用する際には、必ず利用規約やライセンス規約を確認するようにしてください。

▶ jQueryプラグイン公式サイト

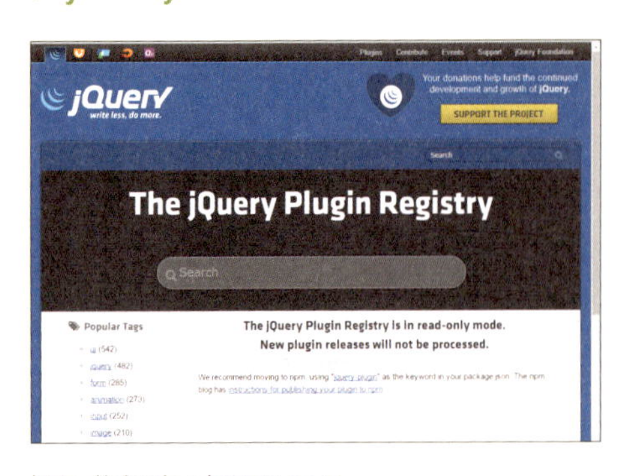

http://plugins.jquery.com

▶ slickを利用したスライドショー

slickの利用準備をする

まずは今回利用するjQueryプラグイン「slick」の公式サイト（http://kenwheeler.github.io/slick/）にアクセスして、プラグインのダウンロード方法を確認しておきましょう。なお、今回はダウンロード済みのフォルダをこのレッスンのサンプルファイルにあらかじめ配置しておいたので、あらためてダウンロードする必要はありません。手順の確認として読んでください。

1 公式サイトを表示する

1 slickのページ（http://kenwheeler.github.io/slick/）にアクセス

2 [get it now] をクリック

2 プラグインをダウンロードする

1 [Download Now] をクリック

「slick-1.6.0.zip」がダウンロードされる

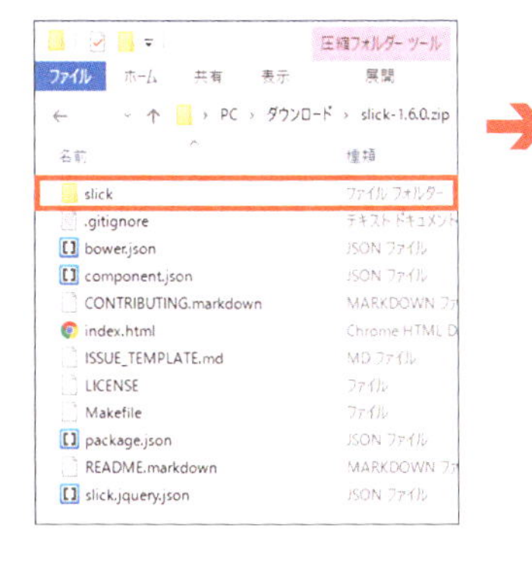

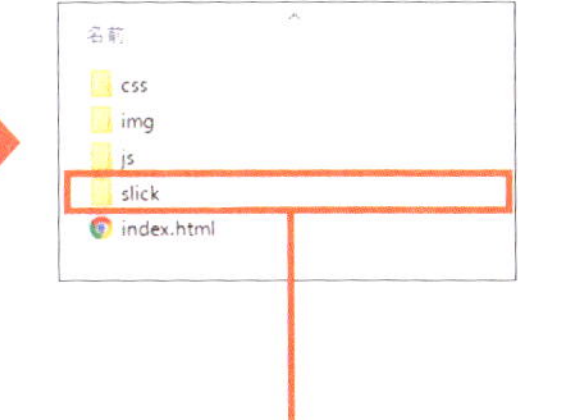

3 slickフォルダを設置する

1 ダウンロードしたファイルを展開し、[slick] フォルダをコピー

2 利用したいフォルダ（今回のレッスンのpractice）内へ貼り付け

NEXT PAGE →

スライドショーで表示する画像を指定する

1 HTMLファイルでslickを読み込む 10/slideshow/practice/index.html

まず、「slick」を利用するために必要なファイルを読み込む処理を記述していきます。このレッスンのindex.htmlをBracketsで開いて、以下のコードを追記してください。head要素内では、あらたにlink要素を2つ追記して、「slick.css」と「slick-theme.css」を読み込んで、slickのスタイルが適用されるようにします❶。またbody要素内では、「slick.min.js」を読み込んで、slickで使用するJavaScriptファイルを読み込みます❷。このとき、slick.min.jsはjQueryを使用するので、必ずjQueryの後に読み込まれるように指定しましょう。

```
003 <head>
004   <meta charset="UTF-8">
005   <title>インプレス いちばんやさしい JavaScript</title>
006   <link rel="stylesheet" href="slick/slick.css">
007   <link rel="stylesheet" href="slick/slick-theme.css">
008   <link rel="stylesheet" href="css/style.css">
009 </head>
010 <body>
011   <script src="js/jquery-3.1.1.min.js"></script>
012   <script src="slick/slick.min.js"></script>
013   <script src="js/app.js"></script>
014 </body>
```


2 表示する画像を指定する

さらにスライドショーで表示する画像を指定していきます。今回はimgフォルダに1.jpg～4.jpgの写真を用意しました。slickでは、スライドショー全体を表示する領域を任意のclassで指定します❶。そして、その要素の中に含まれるdiv要素の1つ1つが、スライドの1ページとして認識されるようになるので、img要素をdiv要素で囲んでスライドで表示する画像を指定していきます❷。これまでの内容を上書き保存して、index.htmlをブラウザで確認してみましょう。この時点ではslickが適用されていないので、画像の一覧が表示されていればOKです。

```
010 <body>
011 ␣␣<div␣class="slideshow">
012 ␣␣␣␣<div><img␣src="img/1.jpg"␣alt=""></div>
013 ␣␣␣␣<div><img␣src="img/2.jpg"␣alt=""></div>
014 ␣␣␣␣<div><img␣src="img/3.jpg"␣alt=""></div>
015 ␣␣␣␣<div><img␣src="img/4.jpg"␣alt=""></div>
016 ␣␣</div>
017 ␣␣<script␣src="js/jquery-3.1.1.min.js"></script>
```

1 全体のdiv要素を追加

2 表示する画像を追加

各ページで表示する画像が表示された

スライドショーのスタイルを整える

1 背景色を設定する 10/slideshow/practice/css/style.css

次に、このレッスンのCSSファイルを編集して、スタイリングを施していきます。スライドショーの基本的なスタイルはslickのCSSが行ってくれるので、ここでは背景色や、スライドの表示位置などを調整していきます。このレッスンのCSSファイルをBracketsで開いて、以下のコードを記述してください。

まずは全体の背景色を指定するために、セレクタに「body」を指定して、「background: #444;」を指定します1。

```
001 body␣{
002 ␣␣background:␣#444;
003 }
```

1 背景色を設定

2 スライドを中央に配置する

次に、スライドを画面中央に表示するため、セレクタに「.slideshow」を指定して、「width: 500px」「margin: auto;」と指定します❶。最後に、表示される画像がスライドショーと同じ幅になるよう、セレクタに「.slideshow img」を指定して「width: 100%;」を指定しておきます❷。

```
005 .slideshow {
006   width: 500px;
007   margin: auto;
008 }
009
010 .slideshow img {
011   width: 100%;
012 }
```

❶ サイズを設定して中央に配置（005〜008）

❷ 画像の幅を親の100%に（010〜012）

背景色が付いた

画像が中央に表示された

slickは利用者がカスタマイズすることを前提に作られているので、画像のサイズを変更しても問題なく動作してくれます。

slickを有効にして、スライドショーを完成させる

1 slickの設定をする 10/slideshow/practice/js/app.js

最後に、JavaScriptファイルにslickの設定を記述してslickを有効にし、スライドショーを完成させます。このレッスンのJavaScriptファイルをBracketsで開いて、以下のコードを記述してください。まずはHTMLの読み込みが完了してから処理が実行されるように、全体を「$(function() { … })」で囲みます❶。その中に、スライドに使用する要素を指定するため、セレクタに「.slideshow」を指定します❷。さらにプラグインで提供されるslickメソッドを使って、スライドショーの設定を記述していきます。ここでは、自動再生「autoplay」を「true」に指定し、自動再生のスピード「autoplaySpeed」を3,000ミリ秒（=3秒）に設定しています。そして最後に、スライドの枚数を示す「dots」を表示するために、値を「true」に設定しましょう❸。

```
001 $(function(){
002   $('.slideshow').slick({
003     autoplay: true,
004     autoplaySpeed: 3000,
005     dots: true
006   });
007 });
```

1 読み込み完了後に実行
2 スライドショーの要素を選択してslickメソッドを実行
3 設定を記述

Point 引数にオブジェクトを指定する

jQueryのメソッドにかぎった話ではありませんが、関数の引数としてオブジェクトを渡すことがよくあります。例えば引数が20個ある関数で、引数を順番通り( )の中に記述していくのは大変ですし、1つ順番を間違えただけで意図どおりに動きません。これを1つのオブジェクト型の引数にまとめてしまえば、記述はスッキリしますし、「プロパティ: 値」の形で名前が付けられるので引数の区別が付けやすくなります。

2 スライドショーが完成した

ここまでのコードが記入できたら、ファイルを上書き保存して、index.htmlをブラウザで確認してみてください。もしも上手く表示できない場合は、コンソールにエラーが表示されていないか確認するといいでしょう。ページを読み込んで放置しておくと自動でスライドが再生されます。また、左右の矢印ボタン、下部のドットを選択すると、スライドが遷移します。

slickのより詳細な設定方法は、公式サイト（http://kenwheeler.github.io/slick）の「setting」で確認できます。

ワンポイント jQueryを利用しない場合もある

jQueryは多機能で汎用的なライブラリですが、意図的に利用しない場合もあります。
例えば、高速な処理が必要な場合には、多機能なjQueryを避けて、より軽量なライブラリを利用したり、ライブラリを利用せずにJavaScriptを記述したりする場合があります。また、jQueryと併用できない他のライブラリやフレームワークを採用する場合もあります。
jQueryが広く用いられていることは間違いないですが、利用できない場合は、JavaScriptそのものの知識が重要になってきます。特にプロを目指している人であれば、両方の書き方を覚えておくことがベストです。

ワンポイント プラグイン／ライブラリの活用にも基本が大切

プラグインやライブラリを利用する際に注意したいのが、変数や関数などの名前の重複です。
プラグインやライブラリもプログラムなので、当然JavaScriptの変数や関数を利用しています。
そのため、プラグインやライブラリを利用していると、気づかないうちに変数名や関数名が重複してしまって、うまく動かなくなるということが起こりえます。
こうしたときに不具合を解消するためには、やはり基本的なJavaScriptの知識が欠かせません。
プラグイン／ライブラリを活用して効率よくプログラムを作るためにも、基本が大切なのです。

Chapter 11

Web APIの基本を学ぼう

この章では「Web API」を利用するために必要な基礎知識を学びます。Web APIを利用すると、GoogleやFacebookなどの外部サービスと連携したWebアプリケーションを制作することができます。

Lesson 59

[Web APIとは]

Web APIとは何かを知りましょう

このレッスンのポイント

Webサービスの提供者は、自社のWebサービスをより活用してもらえるように「Web API」という仕組みを使ってさまざまな機能を提供しています。Web APIをうまく活用すれば、高機能なサービスをとても簡単に作成できるようになります。

Web APIのメリットを知ろう

Web API (Application Programming Interface) とは、Webを通じて利用することのできるサービスと、そのサービスを利用するためのルールのことです。Web APIは自分で作成できるだけでなく、多くのサービス事業者によって、公開・提供されています。例えば、ショッピングサイトを作ろうとすると「ログイン」「決済」「配達」など、さまざまなサービスが必要になりますが、すべてのサービスを自分たちで提供することはとても大変です。そこで、サービス事業者が提供するWeb APIを用いて、既存のサービスと連携していけば、ずっと簡単に目的のサービスを提供できるようになります。

▶ Web APIの利用例

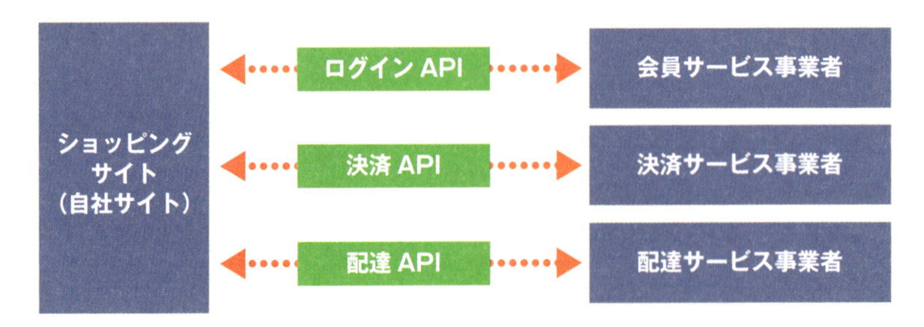

Web APIは、Webを通じてサービスを利用・公開する際に欠かせない仕組みです。

Web APIの注意点

Web APIは非常に便利ですが、データのやりとりを行うので、信用できるサービス提供者のもののみ利用してください。また、途中で利用方法が変更されたり、サービスが終了してしまう場合もないとはいえません。事前に利用規約をよく確認して利用してください。

無料で利用できるWeb APIもたくさんある

Web APIを探すには、検索エンジンで「Web API」と検索すれば、たくさんのWeb APIを見つけることができるでしょう。Web APIには、利用料が有料のものと、無料のものが存在します。下の表は、無料（一部有料含む）で使用することのできる有名なWeb APIの一部をまとめたものです。

▶代表的なWeb API

API名	公式ドキュメント
政府統計の総合窓口	http://www.e-stat.go.jp/api
図書館検索 カーリル	http://calil.jp/doc/api.html
天気情報（livedoor）	http://weather.livedoor.com/weather_hacks
郵便番号検索API	http://zip.cgis.biz
Instagram	https://www.instagram.com/developer
Twitter	https://dev.twitter.com/docs
Google	https://developers.google.com
Facebook	https://developers.facebook.com
Yahoo	http://developer.yahoo.co.jp
Wikipedia	https://www.mediawiki.org/wiki/API:Main_page/ja

※利用量や機能によっては有料

このリストはほんの一部です。現在では、あらゆるものといっていいぐらい多くのサービスがWeb APIで提供されています。

Lesson 60

[基本的な仕組み]

Web APIの仕組みを知りましょう

このレッスンのポイント

Web APIの概要はイメージできましたか？ ここではWeb APIがどのような仕組みで実現されているのか、より具体的な例を挙げながら、プログラムの動きを確認していきます。基本的にはWebページを表示するときと同じく、URLを送って結果のデータを受け取る流れです。

Web APIの基本は「リクエスト」と「レスポンス」

Webの世界では、URLを使ってほしい情報を「リクエスト」して、その「レスポンス」として結果を受け取ります。
Web APIも基本的に同じ仕組みです。ですからWeb APIを使用する際は「どのようなURLでリクエストをすればいいか」「レスポンスをどのようなデータ形式で受け取ることができるのか」「受け取ったデータをどのように活用すればいいのか」といったことが大切になってきます。

▶ リクエストとレスポンスの流れ

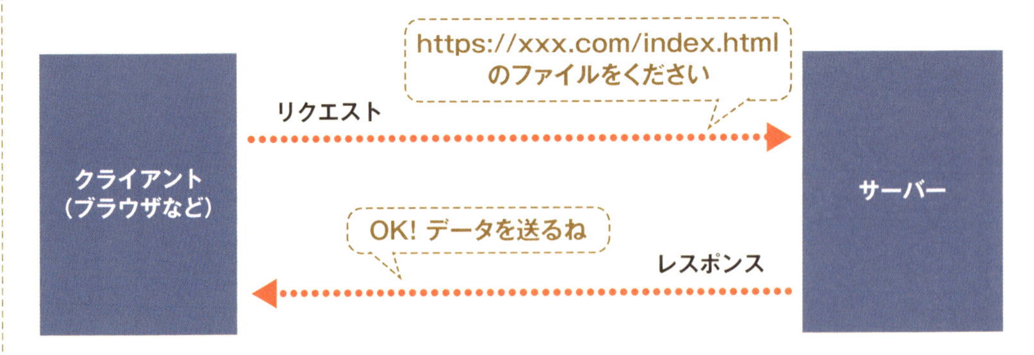

Webの世界では、サービスを提供する端末を「サーバー」といい、サービスを受ける端末を「クライアント」といいます。リクエスト（要求）しているのが「クライアント」、レスポンス（応答）を返すのが「サーバー」ともいえます。

実例を見ながら理解を深めよう

皆さんは郵便番号を入れると自動で住所を入力してくれるフォームを目にしたことはありませんか？ この機能は、住所情報を提供してくれるWeb APIを利用することで実現できます。実際に仕組みを見てみましょう。
まず、フォームに郵便番号を入力して検索ボタンをクリックすると、JavaScriptを使ってWeb APIに住所情報をリクエストするようにします（Step1）。次に、Web APIのレスポンスで提供された住所情報を受信します（Step2）。そして最後に、受信した情報を元に、JavaScriptを使ってフォームに住所情報を反映させます（Step3）。以降のレッスンでは、このデータをやりとりするプログラムを具体的に学んでいきましょう。

▶ 郵便番号から住所を自動入力する仕組み

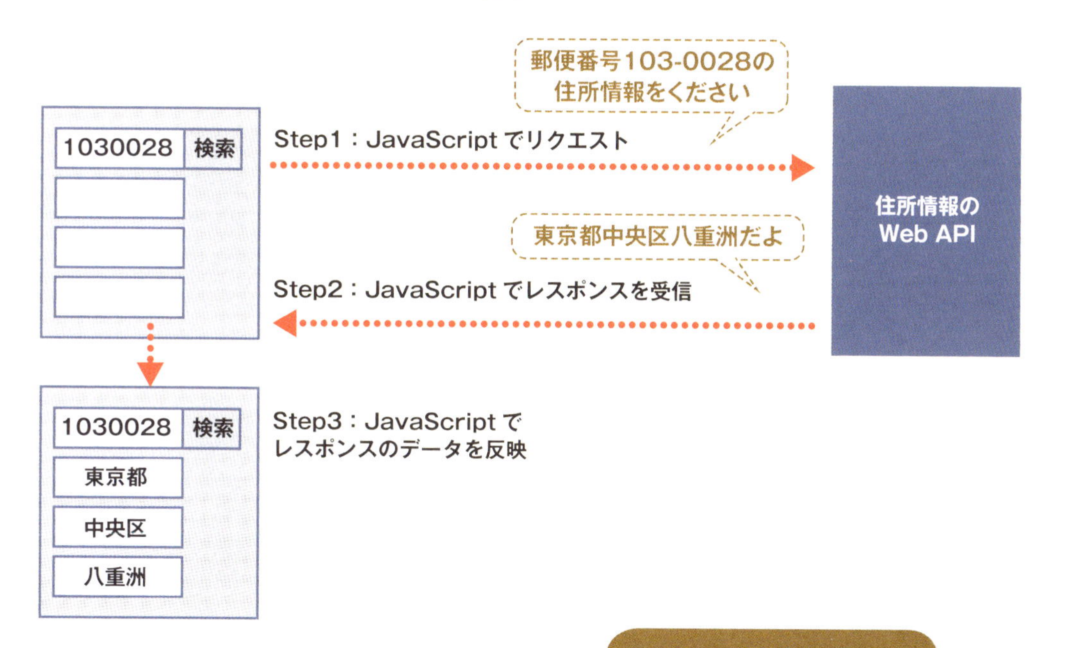

JavaScriptを使うと、Webページを切り替えることなくサーバーと通信することができます。

Lesson 61

[Ajax]

Ajaxについて理解しましょう

このレッスンのポイント

このレッスンではWeb APIを利用する際によく用いる「Ajax(エイジャックス)」というプログラミング手法を学びます。Ajaxを使うと、現在開いているWebページを再読み込みすることなくWeb APIを利用したり、その結果をWebページに反映させることができます。

→ 操作性の高いWebアプリを実現する「Ajax」

従来のWebアプリケーションでは、サーバーにリクエストを送信することで処理を実行し、レスポンスをWebページとして受け取ることで処理結果を確認していました。でもこの方法では、処理を行うたびにWebページの再読み込みが必要なので、軽快に動作させることが困難でした。

そこで登場したのが「Ajax (Asynchronous JavaScript + XML)」というプログラミング手法です。Ajaxでは、JavaScriptを用いることで、Webページ全体の再読み込みを行うことなくサーバーと通信し、その結果を画面に反映することができます。例えば地図アプリのGoogle Mapsでは、画面をドラッグすればそれまで表示されていなかった地図の情報もちゃんと表示してくれますよね。これは、必要になった情報をAjaxでサーバーから取得することで実現しています。先のレッスンで登場した郵便番号による住所の自動入力も、Ajaxを利用しています。

▶ Ajaxを有名にしたGoogle Maps

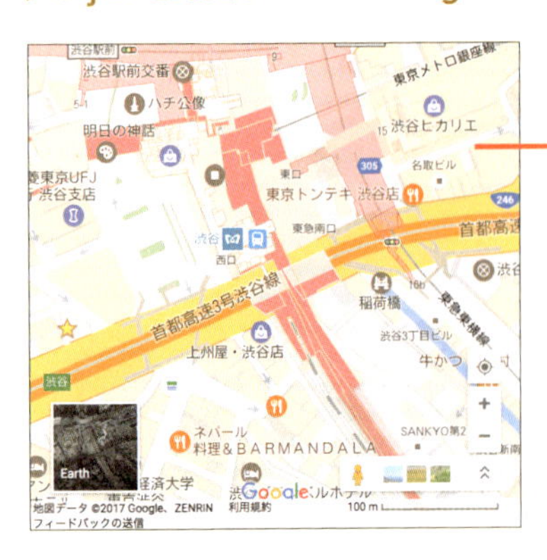

画面をドラッグすると、ページの再読み込みなしで新たな地図が表示される

Ajaxは「Google Maps」に採用され、その高い操作性から一気に有名になりました。いまでは必須の技術となっています。

Ajaxを実装する

AjaxはJavaScriptだけで記述できますが、ブラウザ間で細かい動作の違いがあるので、ブラウザ間の違いを吸収してくれるjQueryを使って利用することをおすすめします。jQueryを使ってAjaxの処理を記述すると、以下の基本構文のようになります。

$.ajaxメソッドの引数には、オブジェクトの形式でパラメータを指定します。「url」にはリクエスト先のURL（Web APIなど）を指定します。dataTypeは、レスポンスとして受け取るデータの形式を指定します。

▶ jQueryを利用したAjaxの基本構文

```
$.ajax({
    url: リクエスト先のURL,
    dataType: レスポンスのデータ形式,
     :
  }).done(function(data) {
    // 通信が成功したときの処理
  }).fail(function(data) {
    // 通信が失敗したときの処理
  });
```

通信後の処理を記述する

通信に成功した場合の処理は、$.ajax()に続けてdoneメソッドを使って記述します。メソッドの引数に実行したい処理を関数で指定します。このとき、関数の引数（data）にはレスポンスで得られたデータが自動的に格納されます。

Ajaxではサーバーとやりとりしているので、通信状況やサーバーの状態によっては、通信に失敗する場合があります。

通信に失敗した場合の処理はfailメソッドを使って記述します。利用方法はdoneメソッドと同様です。

AjaxとWeb APIの関係は理解できましたか？
Ajaxが利用できるようになると、JavaScriptがぐっと楽しくなりますよ！

Lesson 62 [JSON]

JSONについて理解しましょう

このレッスンのポイント

Web APIの多くは「XML(エックスエムエル)」や「JSON(ジェイソン)」と呼ばれる通信に適した形式でデータを提供します。Web APIの利用には、こうしたデータ形式の理解が欠かせません。このレッスンでは、近年主流となりつつあるJSONの扱い方について学びましょう。

Web APIで利用される代表的なデータ形式「JSON」

クライアントとサーバー間で情報をやりとりするためには、お互いに理解できるデータ形式が必要です。Web APIをはじめ、さまざまなプログラムで広く利用されてるのが、JSON（JavaScript Object Notation）というデータ形式です。

実は、このJSONは、JavaScript由来のデータ形式です。JavaScriptには、データをまとめて扱える「オブジェクト」のデータ型がありましたよね。JSONは、このJavaScriptのオブジェクトを、保存や通信に適した形式に変換したものです。

▶ Web APIでよく利用されるデータ形式

名称	特徴
JSON	軽量でJavaScriptとの相性が非常にいい
XML	マークアップで汎用的なデータ構造を作れるが、データ量はJSONより大きくなる

JavaScriptからWeb APIを利用する際は、JSONで通信することが多くなっています。

JSONの書き方

JSONの記述方法はJavaScriptの配列やオブジェクトと同じですが、プロパティ名はダブルクォーテーション「"」で囲んだ文字列にしなければならないというルールがあります。

▶ JSON形式で郵便番号と住所情報をまとめたデータ

```
{
␣␣"results":␣[
␣␣␣␣{
␣␣␣␣␣␣"address1":␣"東京都",
␣␣␣␣␣␣"address2":␣"中央区",
␣␣␣␣␣␣"address3":␣"八重洲",
␣␣␣␣␣␣"zipcode":␣"1030028"
␣␣␣␣},
␣␣␣␣{
␣␣␣␣␣␣"address1":␣"東京都",
␣␣␣␣␣␣"address2":␣"渋谷区",
␣␣␣␣␣␣"address3":␣"渋谷",
␣␣␣␣␣␣"zipcode":␣"1500002"
␣␣␣␣},
␣␣␣␣⋮
␣␣]
}
```

1件目の住所情報

2件目の住所情報

すでに配列とオブジェクトについて学んだ皆さんなら、なじみ深い形式ですね。

ワンポイント JSONP

Webページは通常、そのWebページが設置されているドメイン以外のサーバーと通信をすることができません。そのため、この問題に対策を行っていないWeb APIは、JavaScriptから直接利用することができません。こうした問題を解決する技術に「JSONP（ジェイソンピー：JSON with padding）」があります。JSONPに対応したWeb APIであれば、データもJSONで提供され、ドメインをまたいでスムーズに利用できます。

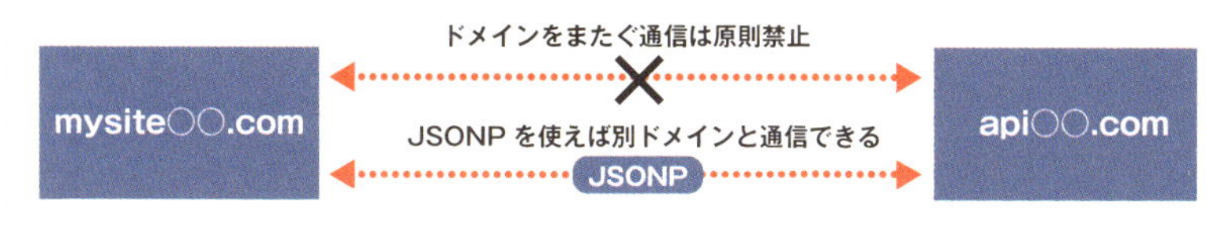

Lesson 63

[Web APIの実習]

Web APIで郵便番号から住所を取得してみましょう

このレッスンのポイント

郵便番号を入れると自動で住所を入力してくれるフォームを目にしたことはありませんか？ 今回は郵便番号から住所情報を提供してくれるWeb API「zipcloud」を利用して、この機能を作成します。実習を通じて、Web APIに必要な技術を復習しましょう。

ゴールイメージの確認

今回は、郵便番号を入力して［検索］ボタンをクリックすると自動で住所が入力されるフォームを作成します（以下図参照）。プログラムの流れとしては、まず郵便番号を入力して検索ボタンをクリックすると、Web API（zipcloud）に住所情報がリクエストされます。その結果をレスポンスとして受け取り、住所情報を取り出して、HTMLに反映します。

①郵便番号を入れて、検索ボタンを押す
↓
②Web API（zipcloud）に住所情報がリクエストされる
↓
③ Web API（zipcloud）からレスポンスを受け取る
↓
④ レスポンスをHTMLに反映する

 zipcloud(郵便番号検索API)の使い方

zipcloud(郵便番号検索API)は株式会社アイビスにより提供されているWeb APIで、無料で利用することができます(2017年2月現在)。利用する際は、公式サイト(http://zipcloud.ibsnet.co.jp/doc/api)で最新の利用規約を確認してください。

APIの利用方法も公式サイトに掲載されています。以下では、基本的な利用方法を紹介します。

なお、Googleで「zipcloud」と検索すると同名のマルウェアの記事も表示されますが、このAPIとは関係ないので、安心してください。

APIを利用する際は、必ず利用規約を確認しましょう。

リクエストの構文

```
//␣郵便番号のハイフン「-」はあってもなくてもOK
http://zipcloud.ibsnet.co.jp/api/search?zipcode=郵便番号
```

レスポンスパラメータ

フィールド名	項目名	備考
status	ステータス	正常時は 200、エラー発生時にはエラーコードが返される
message	メッセージ	エラー発生時に、エラーの内容が返される
results	--- 検索結果が複数存在する場合は、以下の項目が配列として返される ---	
zipcode	郵便番号	7桁の郵便番号。ハイフンなし
prefcode	都道府県コード	JIS X 0401 に定められた2桁の都道府県コード
address1	都道府県名	
address2	市区町村名	
address3	町域名	
kana1	都道府県名カナ	
kana2	市区町村名カナ	
kana3	町域名カナ	

出典:http://zipcloud.ibsnet.co.jp/doc/api

入力フォームを作る

1 HTMLファイルを編集する 10/zipcode/practice/index.html

それでは今回も外観となる部分から作成していきましょう。　このレッスンのindex.htmlファイルをBracketsで開いて、フォームを表示する以下のコードを記述して上書き保存してください❶。

なお、このレッスンのファイルも、jQueryの読み込み処理があらかじめ記載されています。各入力項目（input要素）には、後でJavaScriptから操作しやすいようid属性を付与しています。

1 フォームを作成

```
008 <body>
009   <h3>住所検索</h3>
010   <div>
011     <p>
012       <label>郵便番号<input id="zipcode" type="text" size="10" maxlength="8"></label>
013       <button id="btn">検索</button>
014     </p>
015     <p><label>都道府県 <input id="prefecture" type="text" size="10"></label></p>
016     <p><label>市区町村 <input id="city" type="text" size="10"></label></p>
017     <p><label>住所<input id="address" type="text" size="10"></label></p>
018   </div>
019   <script src="js/jquery-3.1.1.js"></script>
020   <script src="js/app.js"></script>
021 </body>
```

住所検索

郵便番号 1500002 検索

都道府県

市区町村

住所

外見はこの状態ができていればOKです。

Web APIの動作を確認する

1 動作とレスポンスの確認

Web APIを利用したプログラムを記述する前に、Web APIが仕様どおりに利用できることを確認しておきましょう。以下の「リクエストの例」で指定されたURLをブラウザのアドレスバーに入力し、アクセスしてみてください。するとレスポンスのJSONがブラウザの画面に表示されるはずです。

こうして見るとWeb APIを利用した通信といっても、ブラウザでWebページを見るのとそう変わりないことがわかります。
これにさらにAjaxを組み合わせると、Webページ全体を更新することなく、一部だけを更新することができるのです。

▶ リクエストの例

```
http://zipcloud.ibsnet.co.jp/api/search?zipcode=1030028
```

▶ レスポンスのJSONがブラウザの画面に表示される

zipcloud.ibsnet.co.jp/api ×

zipcloud.ibsnet.co.jp/api/search?zipcode=1030028

```
{
        "message": null,
        "results": [
                {
                        "address1": "東京都",
                        "address2": "中央区",
                        "address3": "八重洲",
                        "kana1": "ﾄｳｷｮｳﾄ",
                        "kana2": "ﾁｭｳｵｳｸ",
                        "kana3": "ﾔｴｽ",
                        "prefcode": "13",
                        "zipcode": "1030028"
                }
        ],
        "status": 200
}
```

第三者の提供するWeb APIは仕様変更やサービス終了が起こる可能性をゼロにすることはできません。プログラムを開始する前に、提供状況を確認しましょう。

郵便番号から住所を取得する

1 検索ボタンに処理を関連付ける

10/zipcode/practice/js/app.js

ここからWeb APIを利用するためのJavaScriptのプログラムを記述していきます。このレッスンのapp.jsファイルをBracketsで開いて、以下のコードを記述してください。
HTML読み込みが完了した後にプログラムが実行されるようにするための処理を書きます❶。以降のコードはすべてこの中に書いていきます。

検索ボタンを押したときに処理が実行されるように、検索ボタンのクリックイベントに処理を関連付けましょう。検索ボタンはHTMLを記述する際、id="btn"を指定していたので「$('#btn')」で取得できます。これにonメソッドを使用してクリックイベントが発生したときの処理を記述していきます❷。

```
001 $(function(){
002 ␣␣$('#btn').on('click',␣function()␣{
003 ␣␣␣␣//␣今後、ここにクリックされたときの処理を記述する
004 ␣␣});
005 });
```

❶ 読み込み完了後に実行
❷ クリックイベントに登録

2 住所情報をリクエストする(Ajax処理)

続いて、Ajaxを使用してWeb APIに住所情報をリクエストする処理を記述していきます。まずは$.ajaxメソッドに、必要なパラメータを設定していきます❶。「url」には、Web APIにリクエストするURLを指定します。今回は郵便番号の情報を付与するため、「$('zipcode').val()」で、フォームに入力されている郵便番号を取得し、結合します❷。「dataType」はJSONでデータを取得できるように「jsonp」を指定します❸。

```
002 ␣␣$('#btn').on('click',␣function()␣{
003 ␣␣␣␣//␣入力された郵便番号でWebAPIに住所情報をリクエスト
004 ␣␣␣␣$.ajax({
005 ␣␣␣␣␣␣url:␣"http://zipcloud.ibsnet.co.jp/api/search?zipcode="␣+␣$('#zip
    code').val(),
006 ␣␣␣␣␣␣dataType␣:␣'jsonp',
007 ␣␣␣␣});
008 ␣␣});
```

❶ $.ajaxを追加
❷ urlを指定
❸ dataTypeを指定

3 通信に成功した場合の処理を書く(Ajax処理)

続いて、通信に成功した場合の処理をdoneメソッドを使って記述していきます。
doneメソッドを利用する際に引数を指定すると、その引数から取得したデータにアクセスできます。今回は、取得したデータ「data」の中身を確認するため、console.logメソッドで出力する処理を記述しておきましょう❶。以下のコードが記述したらファイルを上書き保存し、ブラウザでindex.htmlを開いて動作を確認してください。dataの中身がコンソールに表示されていれば問題なく動作しています❷❸❹。

```
004 ␣␣␣␣$.ajax({
005 ␣␣␣␣␣␣url:␣"http://zipcloud.ibsnet.co.jp/api/search?zipcode="␣+␣$('#zip
    code').val(),
006 ␣␣␣␣␣␣dataType␣:␣'jsonp',
007 ␣␣␣␣}).done(function(data)␣{
008 ␣␣␣␣␣␣console.log(data);␣//␣取得できているかの確認用。後で消します。
009 ␣␣␣␣});
```

1 コンソールに表示

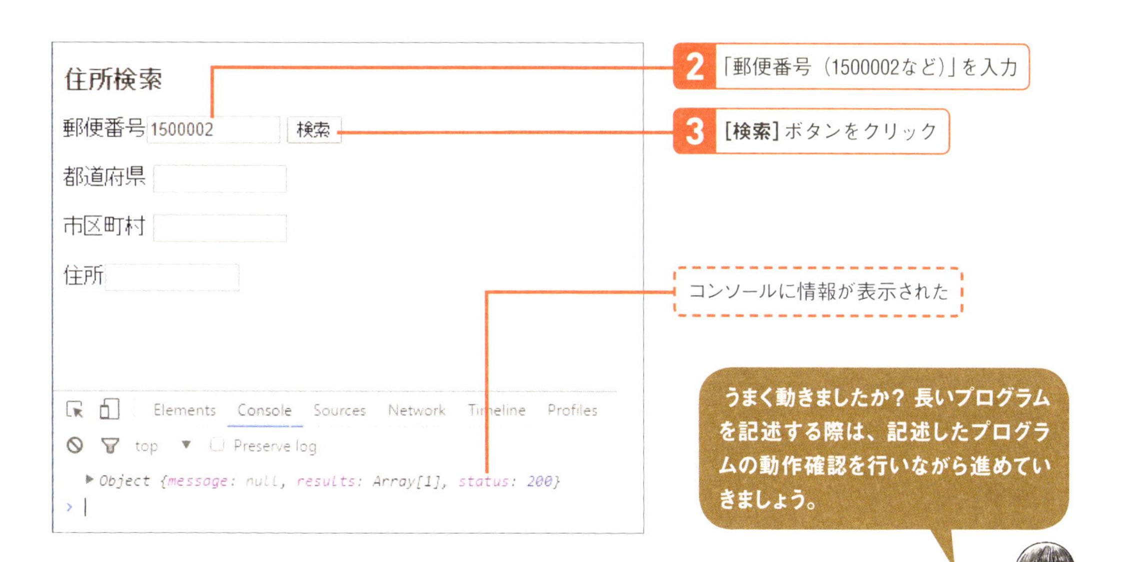

うまく動きましたか？長いプログラムを記述する際は、記述したプログラムの動作確認を行いながら進めていきましょう。

4 エラーが起きた際の処理を書く(Ajax処理)

通信に成功しても、郵便番号が正しく指定されていなければ住所を取得することはできません。このように、問題が起きた場合の処理も記述しておきましょう。動作確認用に記述していた「console.log(data);」の行を削除して、「data.results」が取得できなかった場合の条件分岐を追記します❶。

また、ネットワーク経路に障害があるなどの理由で通信自体に失敗した場合も住所を取得することはできません。通信に失敗した場合の処理はfailメソッドを使って記述することができます❷。いずれの場合も、うまくデータを取得できなかった場合にはメッセージを表示するようにしておきましょう。

```
007     }).done(function(data) {
008         if (data.results) {
009           // データが取得できたときの処理を書く
010         } else {
011           alert('該当するデータが見つかりませんでした');
012         }
013     }).fail(function(data) {
014         alert('通信に失敗しました');
015     });
```

❶ 取得できなかった場合の条件分岐

❷ failメソッドを追加

▶ 動作確認:結果が取得できない場合

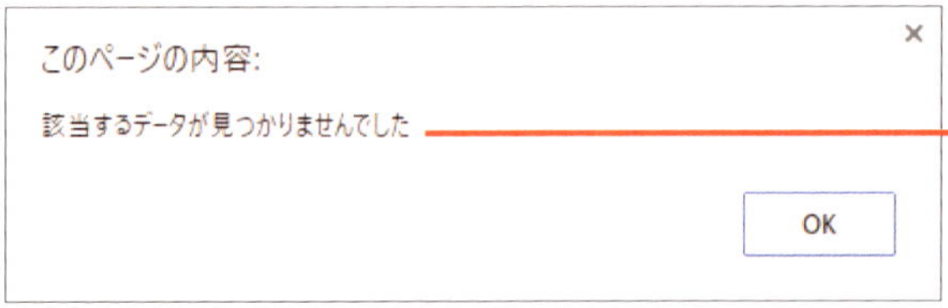

このページの内容:
該当するデータが見つかりませんでした
OK

何らかの問題で結果が取得できなかった場合は、このメッセージが表示される

▶ 動作確認:通信に失敗した時

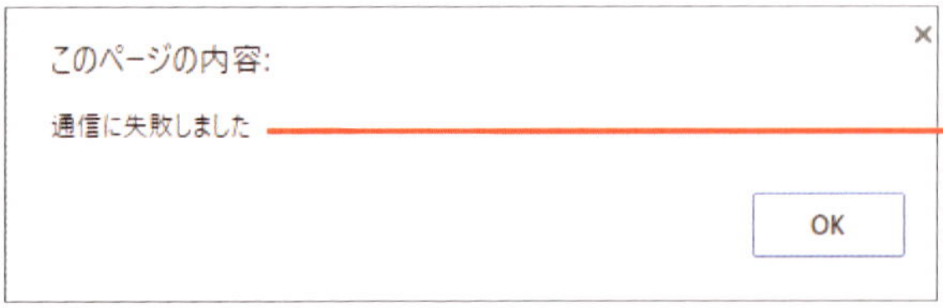

このページの内容:
通信に失敗しました
OK

インターネットにつながっていない場合などは、このメッセージが表示される

ユーザーに安心して利用してもらうには、エラーに備えたプログラムが重要です。

住所情報をHTMLに反映する

1 JSONからデータを取り出す関数を作る

10/zipcode/practice/js/app.js

最後に、Web APIから取得した情報をHTMLに反映する処理を記述しましょう。
取得したJSONから住所情報を取り出して、HTMLに反映するsetData関数を作成します❶。引数として取得したJSONの「results」のフィールドを受け取ると、HTMLの各input要素の値として設定するようにします❷。

```
017
018   // データ取得が成功したときの処理
019   function setData(data) {                          ← ❶ 関数を定義
020     //取得したデータを各HTML要素に代入
021     $('#prefecture').val(data.address1); // 都道府県名  ┐
022     $('#city').val(data.address2);        // 市区町村名  ├ ❷ input要素に設定
023     $('#address').val(data.address3);     // 町域名     ┘
024   }
025 });
```

2 関数を呼び出す

関数ができあがったら、doneメソッド内のデータの取得処理が完了した部分でsetData関数を呼び出すようにします❶。

```
007     }).done(function(data) {
008       if (data.results) {
009         setData(data.results[0]);       ← ❶ 関数を呼び出す
010       } else {
011         alert('該当するデータが見つかりませんでした');
012       }
013     }).fail(function(data) {
014       alert('通信に失敗しました');
015     });
```

3 プログラムが完成した

プログラムが完成したら、内容を上書き保存して、index.htmlをブラウザで開いて動作を確認しましょう❶❷。

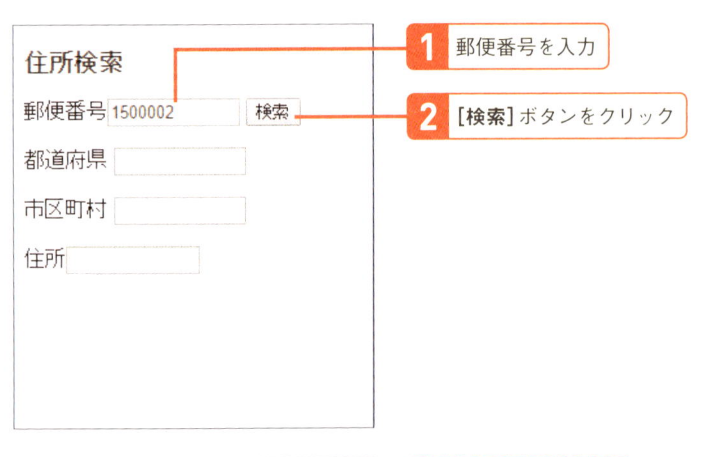

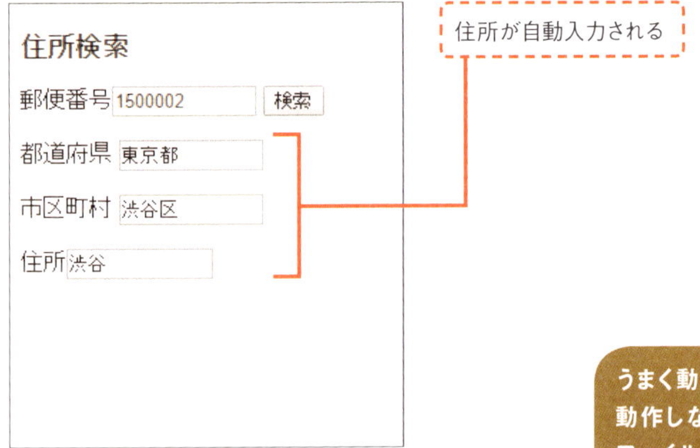

うまく動作しましたか？ うまく動作しない場合は、サンプルファイルの完成品と違いを見比べてみましょう。

Chapter

12

YouTubeの動画ギャラリーを作ろう

この章では、学習の総まとめとして、Googleが提供するYouTube Data API（v3）を使った、ビデオギャラリーを作成します。いままでに学んだことを生かしてWebサイトを完成させましょう。

Lesson 64

[ゴールの確認]

ゴールを確認しましょう

このレッスンの
ポイント

この章では、学習の総まとめとして、Googleが提供するYouTube Data API(v3)を使って、ビデオギャラリーのWebサイトを作成します。まずは制作に必要となるYouTube Data APIの概要と、最終的なゴールイメージを確認しましょう。

ビデオギャラリーを作成しよう

数あるWeb APIの中で、特に実用性が高く学ぶ価値が高いものとして、Googleによって提供されているWeb API群があります。今回はその中の1つ「YouTube Data API」を使用して、YouTube動画を一覧表示したビデオギャラリーを作成します。Googleが提供するAPIの使用方法を学びながら、これまでの集大成として、1つの作品を作り上げましょう。

▶ 完成イメージ

特定のテーマで動画を収集し、一覧表示する

動画を検索するためのAPIを利用して、取得したデータからギャラリーを作成します。

YouTube Data API(v3)について

インターネットで「動画」といえばYouTubeが有名ですよね。YouTubeの運営会社であるGoogleは、YouTubeの動画に関するさまざまなデータを利用するためのWeb API「YouTube Data API」を無料で公開しています。今回はこのWeb APIの最新バージョンである「v3」を利用して、ギャラリーで表示する動画を取得しましょう。このWeb APIを利用すれば、YouTubeのマイリストや動画の検索結果から、動画データを取得することができます。

▶ YouTube

https://www.youtube.com/

制作の手順

まずYouTube Data API (v3) の利用準備として、APIの利用に必要な「APIキー」の取得を行います。その後、利用方法を確認した後、ビデオギャラリーの制作に取り掛かります。 制作ではまず、JavaScriptの記述を行って機能を完成させてから、CSSでスタイリングの記述を行い、ビデオギャラリーを完成させます。

❶YouTube Data API (v3) の利用準備
❷YouTube Data API (v3) の利用方法の確認
❸ビデオギャラリーの制作：JavaScriptの記述
❹ビデオギャラリーの制作：スタイルの記述
❺完成

この章だけは「APIキー」がなければサンプルファイルが動きません。Lesson 65の手順にしたがって「APIキー」を取得する必要があります。

Lesson 65 [APIキーの発行]

YouTube Data API（v3）を利用する準備をしましょう

このレッスンのポイント

このレッスンではYouTubeから動画データを取得するために必要なWeb API「YouTube Data API(v3)」の利用準備をしましょう。YouTube Data API(v3) を利用するには、APIキーの発行が必要となります。

事前準備で行うこと

YouTube Data API (v3) を利用するための事前準備として、API利用に必要なAPIキーの発行を行います。APIキーは、APIが悪用されたり、規約に違反して利用されることがないように、誰が利用しているのか特定するための利用証明書の役割を担っています。

APIキーを利用するには、Googleの提供するWebサービス「Google Cloud Platform」にログインして、キーの発行を行う必要があります。このレッスンでは「Google Cloud Platform」にログインして、実際にAPIキーを発行していきましょう。

❶Google Cloud Platform にログイン
❷プロジェクトを作成する
❸APIキーを発行して、APIの利用準備を行う

▶ Google Cloud Platform

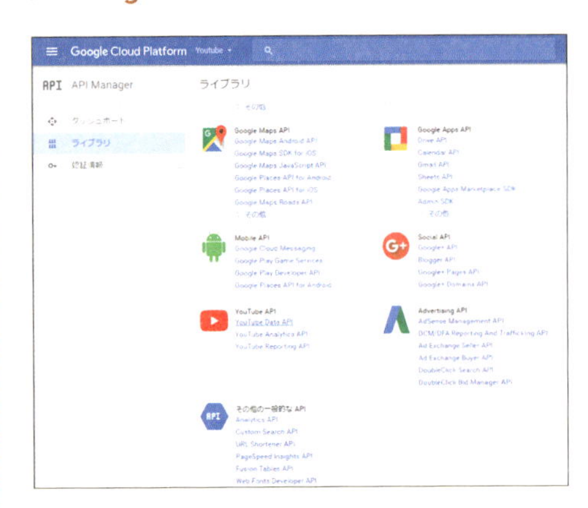

Google Cloud Platformでは、Googleのあらゆる Web APIを利用できます。

Google Cloud Platformを利用する

まずは「Google Cloud Platform」にログインしましょう。「https://console.cloud.google.com」にアクセスして、Googleアカウントでログインします。すでにGoogleアカウントを持っている人は、それを利用してログインできます。まだ持っていない場合は画面下部の［アカウントを作成］からアカウントを作成します。Googleアカウントは、基本的に無料で取得、利用できます。

1 ログインする

1 Cloud Platformのページ（https://console.cloud.google.com）を表示

2 Googleアカウントでログイン

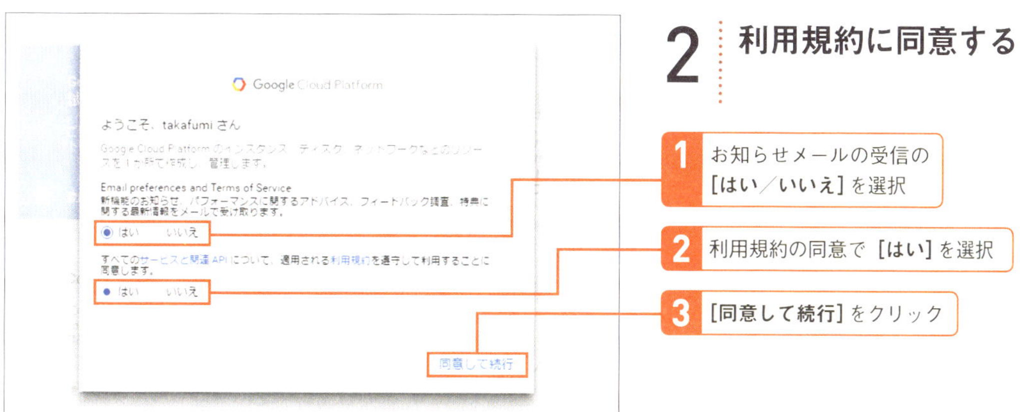

2 利用規約に同意する

1 お知らせメールの受信の［はい／いいえ］を選択

2 利用規約の同意で［はい］を選択

3 ［同意して続行］をクリック

本書で利用するサービスは無料（2017年2月現在）ですが、サービスの中には有料のものもあります。利用する際は規約を確認しましょう。

プロジェクトを作成する

続いて、APIキーを発行するために「プロジェクト」を作成します。プロジェクトとは、Google Cloud Platformのサービス利用状況を管理するための単位です。青いメニューバーの「Project▼」と書かれた部分を選択して、表示されたメニューから「プロジェクトを作成」をクリックします。新しいプロジェクトの入力画面が表示されたら、任意のプロジェクト名を指定します。

1 プロジェクトを作成する

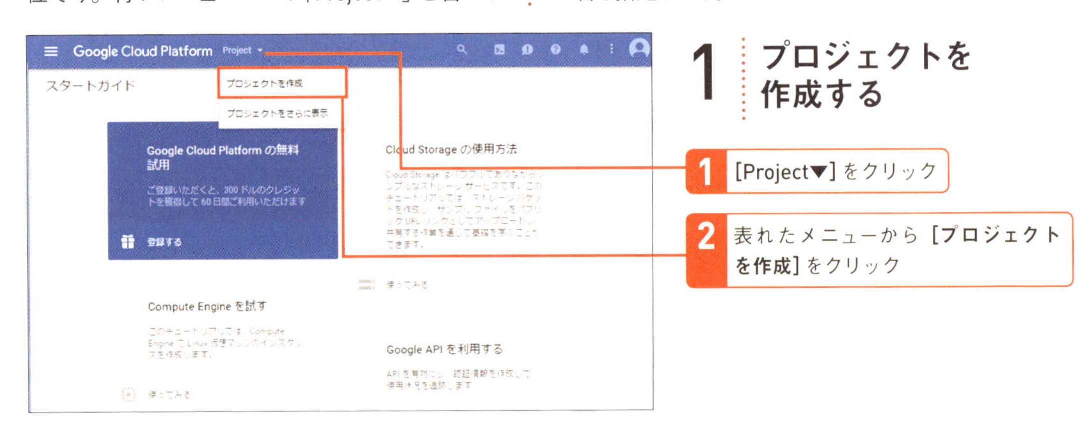

2 プロジェクト名を入力する

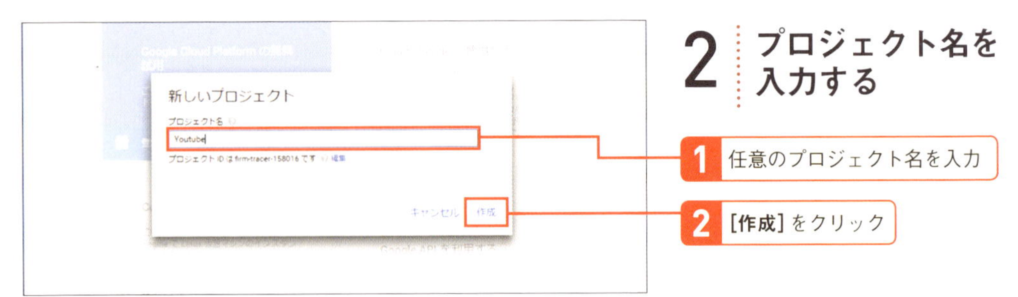

3 プロジェクトが作成された

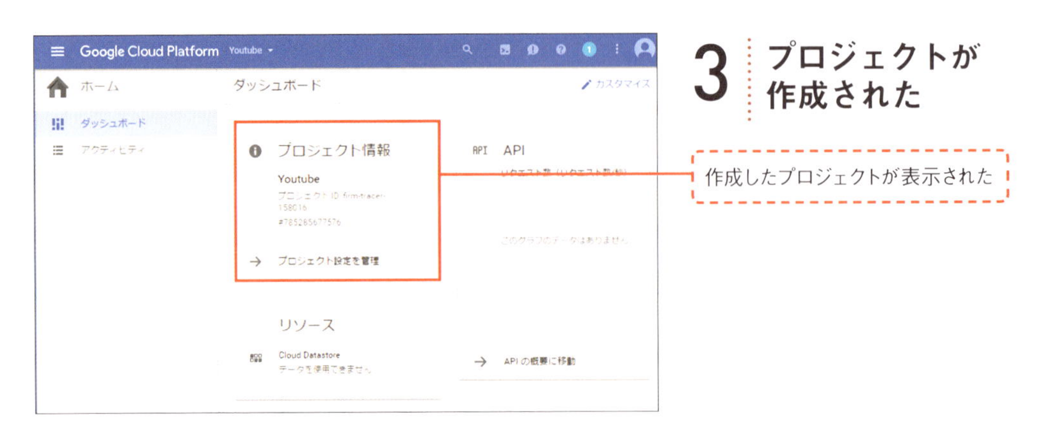

YouTube Data APIを有効にする

プロジェクトの作成が完了したら、いよいよ「YouTube Data API (v3)」を有効にします。「有効なAPI」のページに遷移して［APIを有効にする］をクリックします。

利用するAPIを選択する画面が表示されるので「YouTube Data API」のリンクをクリックして、画面遷移後に［有効にする］をクリックします。

1 「有効なAPI」のページへ移動する

1 ［APIの概要に移動］をクリック

2 APIの有効画面に切り替える

1 ［APIを有効にする］をクリック

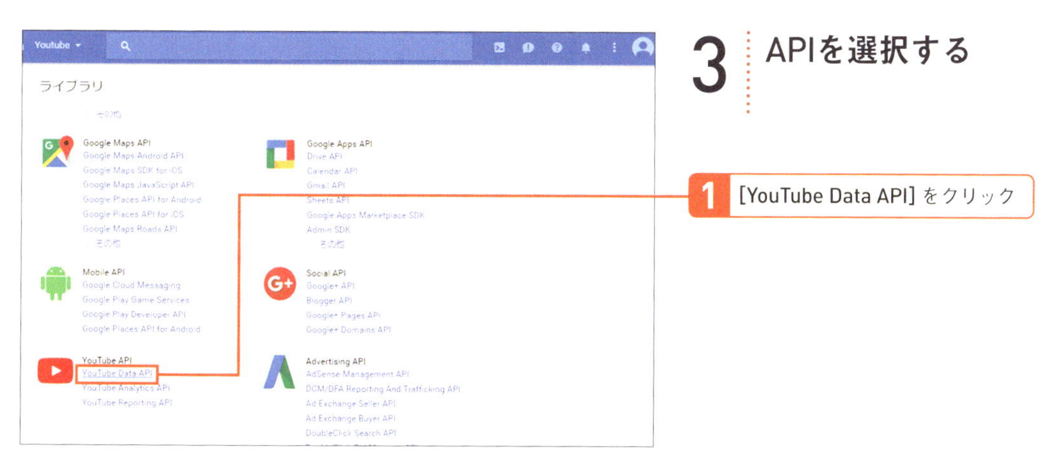

3 APIを選択する

1 ［YouTube Data API］をクリック

4 APIを有効にする

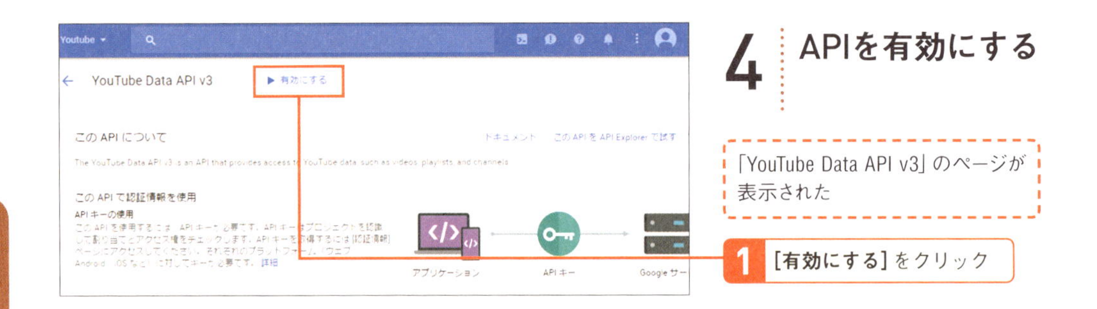

APIキーを発行する

最後にAPIキーを発行します。JavaScript側でAPIを利用する際にこのAPIキーを指定しておくと、Googleによって認証されてサービスが利用可能になります。発行の際に「APIを呼び出す場所」や「アクセスするデータの種類」といった情報を設定します。

本書では扱いませんが[アクセスするデータの種類]で「ユーザーデータ」を選択すると、ユーザーにひもづく利用状況などのデータにアクセスできるようになります。

1 APIキーの作成を開始する

2 認証情報を追加する

3 APIキーが発行された

認証情報（APIキー）が発行された
1 [完了]をクリック
1 APIキーが表示された
このAPIキーをコピーする

4 認証情報の管理画面に戻る

お疲れさまでした。ここで取得したAPIキーは今後の制作で使用します。APIキーはこのページでいつでも確認できますが、念のためコピーしてわかりやすい場所に保存しておくといいでしょう。

Lesson 66

[APIのパラメータ]

YouTube Data API (v3)の使い方を確認しましょう

このレッスンのポイント

APIキーを取得したら、さっそくYouTube Data API(v3)の使い方を確認していきましょう。このレッスンでは「検索」の方法を中心に確認していきます。キーワードを使ってギャラリーに表示する動画を検索、取得できるようにしましょう。

APIの利用方法

YouTube Data API (v3)を利用するには、「https://www.googleapis.com/youtube/v3/search」のURLの後に?(クエスチョンマーク)を付け、その後に「パラメータ名=値」の形式で検索条件などのパラメータを指定していきます。パラメータは&記号を使って複数指定でき、先ほど取得したAPIキーも「key=APIキー」の形式で指定します。

▶「music」をキーワードとした検索を行う

```
https://www.googleapis.com/youtube/v3/search?type=video&part=snippet&q=
music&key=APIキー
```

▶公式Webサイト

https://developers.google.com/youtube/v3/docs/search/list?hl=ja

パラメータのすべての意味を理解するには、公式Webサイトを確認しましょう。

動画検索に利用するパラメータとレスポンス

今回の動画検索で指定するパラメータは下表の通りです。ビデオギャラリーを作成するため、musicという検索キーワードとAPIキーの他に、Webページに埋め込み可能な動画のみ取得する「videoEmbeddable」などのパラメータを追加しています。また、レスポンスからはさまざまなデータを取得できますが、今回はYouTubeのビデオにアクセスするために必要となる「videoId」を取得します。

▶ サンプルで使用するパラメータ

パラメータ	意味	備考
part	取得するリソースのプロパティを指定	必須項目。idかsnippetを指定。snippetにするとすべてのプロパティを取得できる
type	検索対象を特定のリソースに限定	video、channel、playlistのいずれかを指定
q	検索に用いる文字列を指定	「音楽」「動物」「ニュース」などの検索文字列を指定
videoEmbeddable	検索対象をWebページに埋め込み可能な動画のみに限定	trueまたはfalse
videoSyndicated	検索対象をyoutube.com以外で再生できる動画のみに限定	trueまたはfalse
maxResults	一度に取得する検索数を指定	10、100...などの数字で指定
key	APIの利用に必要なAPIキーを指定	自分で取得したAPIキーが必要

▶ レスポンスの例

```
{
  "items": [ // 検索結果を格納した配列
  {
  /* 中略 */
    "id": {        // 検索結果のID
      "kind":     // リソースの種類,
      "videoId":  // 動画ID ... /* 今回の動画表示に必要 */
      ⋮
}
```

パラメータにタイプミスがあると、レスポンスの内容もエラーを示すものになります。

Lesson 67

[YouTube Data API(v3)の利用]

ビデオギャラリーを作成しましょう

このレッスンのポイント

ここから実際にビデオギャラリーを作成していきます。今回の実践にはYouTube Data API(v3)を利用するためのAPIキーが必要になります。まだAPIキーを取得していない人は、この章のLesson 65を参考にAPIキーを事前に取得しておいてください。

プログラムの流れを確認しよう

さあ、いよいよプログラムの作成に入っていきましょう。このレッスンでは、まずHTMLファイルを編集してビデオギャラリーの表示領域を作ります。次に、JavaScriptファイルを編集してリクエストパラメータの準備をし、YouTube Data API (v3) にリクエスト (Ajax通信) を行い、動画の検索データを取得します。そしてレスポンスの成否に応じた条件分岐を行い取得したデータをもとにビデオを表示して、ビデオギャラリーを実現します。またLesson 68でCSSファイルを編集し、スタイルを整えてビデオギャラリーを完成させます。

❶APIへのリクエスト準備

❷APIへのリクエスト (Ajax通信)

❸レスポンスに応じた条件分岐

❹取得したデータを元にビデオを表示

HTML部分を記述する

1 HTMLファイルに記述する 12/youtube/practice/index.html

今回はWeb APIで得られたデータを元に、JavaScriptでHTMLを記述するので、HTMLファイルにはほとんどコードを記述しません。このレッスンのindex.htmlファイルをBracketsで開いて、以下のコードを記述してください。

HTMLファイルには、後からJavaScriptでギャラリーを表示する場所を指定するため、div要素を追加してid属性に「videoList」を指定しておきましょう❶。この時点では、ブラウザでHTMLファイルを開いても何も表示されていなくてOKです。

```
008 <body>
009 ␣␣<h3>Video␣Gallery</h3>
010 ␣␣<div␣id="videoList">
011 ␣␣</div>
012 ␣␣<script␣src="js/jquery-3.1.1.js"></script>
013 ␣␣<script␣src="js/app.js"></script>
014 </body>
```

1 要素を追加する

JavaScript部分を記述する

1 リクエストURLを準備する 12/youtube/practice/js/app.js

ここからはJavaScriptでプログラムを記述していきます。まずは、リクエスト先のURLに含める情報を記述していきましょう。このレッスンのapp.jsファイルをBracketsで開いて、以下のコードを記述してください。まずは、APIを使用するためのAPIキーの指定が必要です。APIキーはそのままでは長いので、変数「KEY」を用意して、値を代入しておきます。続いて、今回利用する検索APIのURLが必要です。こちらも長いので、変数「url」を要して、値を代入しておきましょう❶。

```
001 //␣リクエストパラメータのセット
002 var␣KEY␣=␣/*␣あなたが取得したAPIキー␣*/;␣␣␣␣␣␣␣␣␣␣␣␣␣␣␣␣␣␣␣␣␣␣␣␣//␣API␣KEY
003 var␣url␣=␣'https://www.googleapis.com/youtube/v3/search?';␣//␣API␣URL
```

APIキーを貼り付ける

1 変数に代入

APIキーは取得した人それぞれで異なるので、自分で取得したものを記入してください。間違えないようコピー＆ペーストで貼り付けるといいでしょう。

2 リクエストパラメータを指定する

続いて、検索APIに指定するパラメータを指定していきましょう。先に用意した変数「url」に文字列を追記して、パラメータを連結していきます❶。パラメータの意味はコードのコメントに記載した通りです。このサンプルでは検索ワードを「'q=music'」と指定していますが「music」の部分を好きな言葉に変えれば、検索結果を変えることができます。ぜひお好みに応じて変更してみてください。

```
001 // リクエストパラメータのセット
002 var KEY = /* あなたが取得したAPIキー */;                                  // API KEY
003 var url = 'https://www.googleapis.com/youtube/v3/search?'; // API URL
004 url += 'type=video';                // 動画を検索する
005 url += '&part=snippet';             // 検索結果にすべてのプロパティを含む
006 url += '&q=music';                  // 検索ワード このサンプルでは music に指定
007 url += '&videoEmbeddable=true';     // Webページに埋め込み可能な動画のみを検索
008 url += '&videoSyndicated=true';     // youtube.com 以外で再生できる動画のみに限定
009 url += '&maxResults=6';             // 動画の最大取得件数
010 url += '&key=' + KEY;               // API KEY
```

❶ パラメータを連結

Point +=で結合と代入を同時に行う

+=は変数に値を結合（加算）するとともに代入する演算子で、「変数=変数+値」と書くのに相当します。他に-=、*=、/=などの演算子もあります。

3 リクエストURLが正常に動作するか確認する

ここまでのプログラムでリクエストURLが完成し、変数urlに代入された状態になっているはずです。ここで動作確認しておきましょう。変数urlをコンソールに表示するコードを追記して、index.htmlをブラウザで開いてください❶。コンソールにリクエストURLが表示されるはずです❷。

```
011 // 動作確認が終わったら消すこと
012 console.log(url);
```

❶ コンソールに表示

top　Preserve log
https://www.googleapis.com/youtube/v3/search?type=video&part=snippet&q=musi…eoSyndicated=true&maxResults=6&key=　app.js:11

❷ リクエストURLをコピー

4 確認したURLをブラウザでリクエストしてみる

コンソールに表示されたリクエストURLをコピーして、ブラウザのアドレスバーに貼り付けて読み込んでみましょう❶。うまく通信できればブラウザの画面にレスポンスのJSONが表示されます。

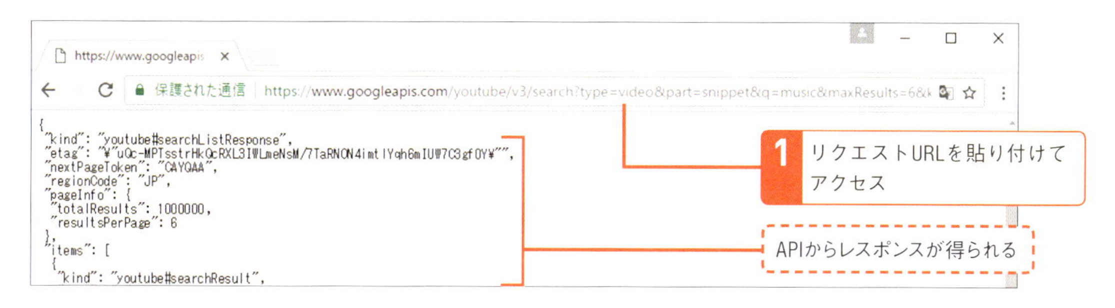

{
"kind": "youtube#searchListResponse",
"etag": "¥"uQc-MPTsstrHkQcRXL3I1WLmeNsM/7TaRNON4imtlYqh6mIUW7C3gf0Y¥"",
"nextPageToken": "CAYQAA",
"regionCode": "JP",
"pageInfo": {
"totalResults": 1000000,
"resultsPerPage": 6
},
"items": [
{
"kind": "youtube#searchResult",

AjaxでAPIを利用する

1 Ajaxでリクエストする

リクエストURLとパラメータの準備ができたら実際にAPIを利用する「リクエスト」の処理を記述していきます。以下のコードを追記して、上書き保存してください。

JavaScriptでリクエストを行う方法は、11章で学びましたね。今回もjQueryを用いたAjaxでリクエストを行います。まずは全体を「$(function() { ... }」で囲んでHTMLが読み込まれてから処理が動くようにして「{}」の中に具体的な処理を記述していきます❶。ajaxメソッドの引数に先ほど準備したurlを指定して、リクエストを実行します❷。

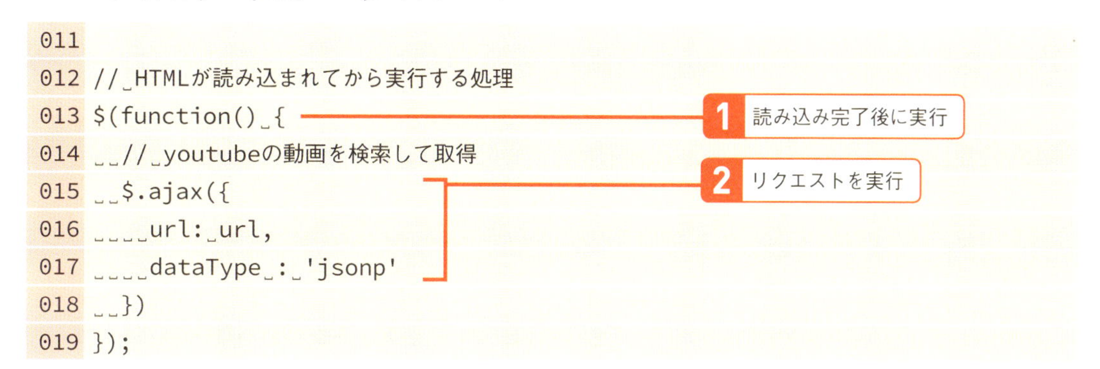

```
011
012 // HTMLが読み込まれてから実行する処理
013 $(function() {
014   // youtubeの動画を検索して取得
015   $.ajax({
016     url: url,
017     dataType : 'jsonp'
018   })
019 });
```

2 doneメソッドとfailメソッドを追加する

doneメソッド部分には、データ取得が成功したときの処理を記述します❶。ただし、その中の処理を書くのは後まわしにして先にfailメソッドを記述しましょう。failメソッドの部分には、通信に失敗したときの処理として、メッセージを表示するようにしましょう❷。

```
012 //␣HTMLが読み込まれてから実行する処理
013 $(function()␣{
014 ␣␣//␣youtubeの動画を検索して取得
015 ␣␣$.ajax({
016 ␣␣␣␣url:␣url,
017 ␣␣␣␣dataType␣:␣'jsonp'
018 ␣␣}).done(function(data)␣{
019 ␣␣␣␣//␣データ取得が成功したときの処理
020 ␣␣}).fail(function(data)␣{
021 ␣␣␣␣alert('通信に失敗しました');
022 ␣␣});
023 });
```

1 doreメソッドを追加

2 failメソッドを追加

▶ 通信に失敗した時の表示

インターネット接続をオフにすると通信に失敗するので、failメソッドの処理を確認できます。

3 レスポンスごとの処理を記述する

通信が成功しても別の問題でデータが取得できないこともあります。その場合はdata.itemsという値がなくなるので、その存在をif文でチェックし❶、見つからない場合は警告のメッセージを表示します❷。また、取得できなかった際のレスポンスがどのようになっていたのか後で確認できるように、dateの値をコンソールに表示しておきましょう。

```
012 //␣HTMLが読み込まれてから実行する処理
013 $(function()␣{
014 ␣␣//␣youtubeの動画を検索して取得
015 ␣␣$.ajax({
016 ␣␣␣␣url:␣url,
017 ␣␣␣␣dataType␣:␣'jsonp'
018 ␣␣}).done(function(data)␣{
019 ␣␣␣␣if␣(data.items)␣{
020 ␣␣␣␣␣␣//␣データ取得が成功したときの処理
021 ␣␣␣␣}␣else␣{
022 ␣␣␣␣␣␣console.log(data);
023 ␣␣␣␣␣␣alert('該当するデータが見つかりませんでした');
024 ␣␣␣␣}
025 ␣␣}).fail(function(data)␣{
026 ␣␣␣␣alert('通信に失敗しました');
027 ␣␣});
028 });
```

1 データをチェック

2 警告メッセージを表示

4 取得したデータをHTMLに反映する関数を作る

取得したJSONをHTMLに反映する処理は長くなるので、わかりやすくするためにsetData関数として記述しましょう。引数として取得したJSONを丸ごと受け取ることにします❶。
JSONのitemsプロパティには、動画の情報が配列としてまとめられています。これをfor文で1データずつ取り出します❷。そしてそこからビデオIDを取り出し、動画を表示するiframe要素のタグを作成します❸。
最後に作成したHTMLを、videoListというIDを持つHTML要素の子にします❹。

```
029
030 // データ取得が成功したときの処理
031 function setData(data) {
032   var result = '';
033   var video  = '';
034   // 動画を表示するHTMLを作る
035   for (var i = 0; i < data.items.length; i++) {
036     video  = '<iframe src="https://www.youtube.com/embed/';
037     video  +=  data.items[i].id.videoId;
038     video  += '" allowfullscreen></iframe>';
039     result += '<div class="video">' + video + '</div>'
040   }
041   // HTMLに反映する
042   $('#videoList').html(result);
043 }
```

1 関数を定義（031行）
2 繰り返し処理（034行）
3 iframe要素のタグを作る（035〜039行）
4 要素を作成（042行）

Point iframe要素を使って動画を表示する

YouTubeの動画をWebページに埋め込んで再生する場合、iframe要素を利用して「https://www.youtube.com/embed/ビデオID」というURLを取り込みます。今回のサンプルではiframe要素をdiv要素の子として追加しています。

```
<div class="video">
<iframe src="https://www.youtube.com/embed/ビデオID"
allowfullscreen></iframe>
</div>
```

5 関数を呼び出す

関数ができあがったら、doneメソッド内のデータ取得処理が完了した部分で、setData関数を呼び出すようにします❶。

```
018   }).done(function(data) {
019     if (data.items) {
020       setData(data); // データ取得が成功したときの処理
021     } else {
022       console.log(data);
023       alert('該当するデータが見つかりませんでした');
024     }
025   }).fail(function(data) {
026     alert('通信に失敗しました');
027   });
028 });
```

❸ 関数を呼び出す

6 プログラムが完成した

プログラムが完成したので、ブラウザでindex.htmlを開いて動作テストしてみましょう。問題がなければYouTubeの動画が表示されます。

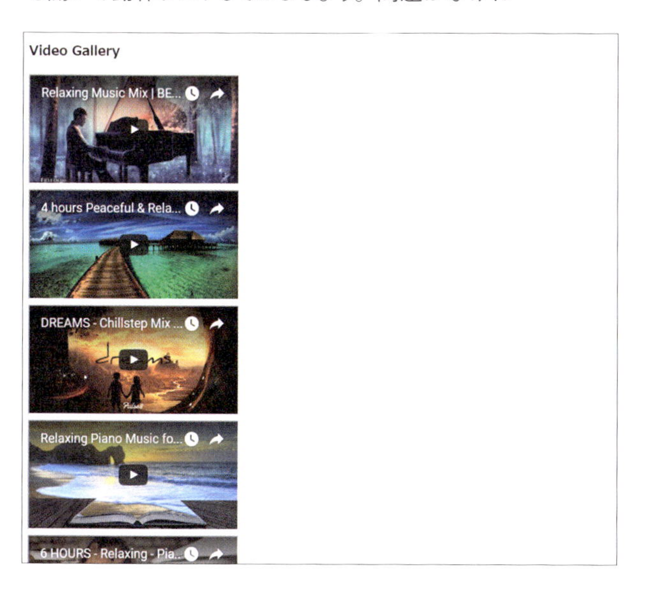

機能的にはこれで完成ですが、ちょっと殺風景なので、CSSを整えて見た目をよくしてあげましょう。

Lesson 68

[CSSの設定]

スタイルを整えてWebサイトを完成させましょう

このレッスンのポイント

最後にCSSでスタイルを指定して、ビデオギャラリーとしての見た目を整えていきましょう。記述するCSSはChapter 9でフォトギャラリーに適用したものと基本的には同じです。完成までもうひと頑張りです！

ビデオギャラリーのHTML構造を確認する

JavaScriptで作り変えたHTMLに対してCSSを適用するには、HTMLファイルの内容ではなく、JavaScriptが実行された後に、実際にブラウザに表示されているHTMLの構造を想定する必要があります。

Chromeで表示しているWebページのHTMLを確認するには、デベロッパーツールを表示して［Elements］パネルを選択します。

▶ デベロッパーツールの[Elements]パネル

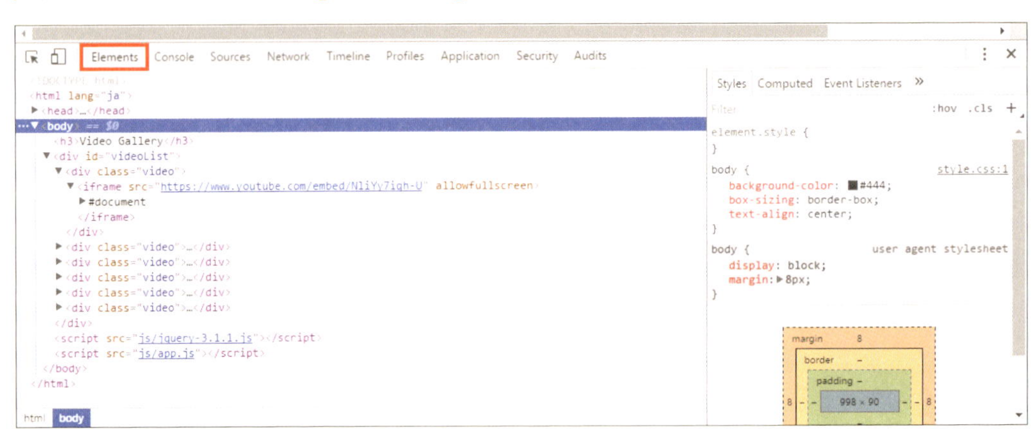

全体のスタイルを整える

1 全体のスタイルとタイトルを整える

このレッスンのstyle.cssファイルを開いて、以下のコードを記述してください。背景色をグレー（#444）にして、文字を中央ぞろえにしています❶。見出しは目立つように、明るめの色で、文字を大きく太くしておきましょう❷。

```
001 body {
002   background-color: #444;
003   box-sizing: border-box;
004   text-align: center;
005 }
006
007 h3 {
008   color: #bbb;
009   font-size: 20px;
010   font-weight: bold;
011 }
```

❶ 背景色を設定して中央そろえにする

❷ タイトルを整える

2 ビデオリストの幅と余白を調整する

ビデオギャラリーのビデオが横並びになるようにレイアウトを整えていきます。YouTubeの動画は「幅560px、高さ315px」で表示しやすいように作られているので、今回はそれにあわせて560px×2程度の幅を指定しています❶。

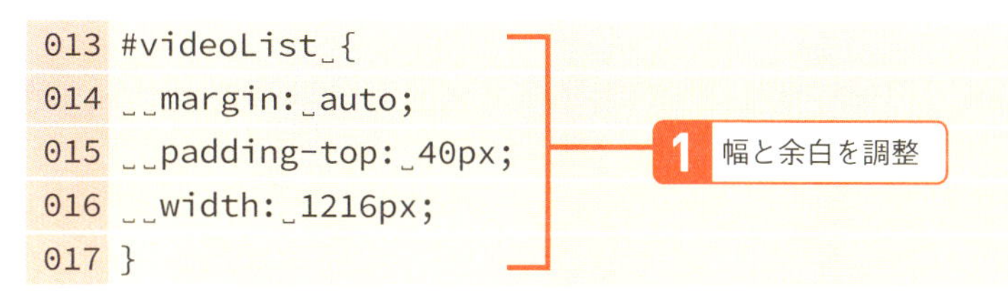

```
013 #videoList {
014   margin: auto;
015   padding-top: 40px;
016   width: 1216px;
017 }
```

❶ 幅と余白を調整

3 動画に枠を付ける

動画を際だたせるため、Chapter 9で「フォトギャラリー」を作成した際と同様に動画に枠線を付け、シャドーの効果を適用します❶。

```
019 #videoList␣.video␣{
020 border:␣4px␣solid␣#fff;
021 box-shadow:␣0px␣0px␣14px␣#000;
022 float:␣left;
023 height:␣315px;
024 margin:␣20px;
025 width:␣560px;
026 }
```

❶ 枠を付ける

4 iframe要素を整える

最後に、iflame側の幅、高さも動画の枠と同じサイズに指定して、隙間が生まれないようにします❶。以上でビデオギャラリーの制作は完了です。ここまでのコードを記述できたら、ファイルを上書き保存してindex.htmlをブラウザで再読み込みしてください。

```
028 #videoList␣.video␣iframe␣{
029 ␣␣border:␣none;
030 ␣␣height:␣315px;
031 ␣␣width:␣560px;
032 }
```

❶ iframe要素のサイズを調整する

お疲れさまでした。以上でビデオギャラリーの制作は終了です。最初のレッスンに比べて、本当に高度なプログラムが記述できるようになりましたね。

Chapter

13

独学する技術を身につけよう

ここでは、本書でJavaScriptの学習を終えた人に「今後の学習方法について」アドバイスします。

Lesson 69

[今後の学習方法]

今後の学習方法を確認しましょう

このレッスンのポイント

このレッスンでは、本書を終えた皆さんが、次のステップに進む手がかりを示したいと思います。まずはWebサービスを作るために必要な技術を俯瞰して整理します。ご自身の目的に応じて、学ぶべき技術を考えるヒントとしてください。

Webサービスを構成する技術を確認しよう

読者の皆さんの多くは、Webサービスの制作に興味を持ってJavaScriptを学ばれたのだと思います。そこで最後のレッスンとして、Webサービスを構成する技術について確認し、今後の学習方法のヒントを提示します。

Webサービスの構成要素を大きく分けると、サービスを提供してくれる「サーバー」と、それを利用するための「クライアント」の2つがあります。動画共有サービスのYouTubeを例にすれば、動画やユーザーの情報を管理し、提供してくれるのがサーバー、それらを閲覧する際に利用するのがクライアントになります。

▶ Webサービスの構成図

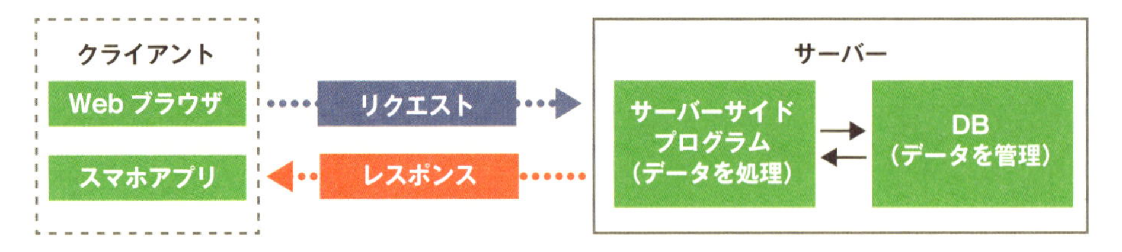

クライアントとサーバーでは、プログラミングに必要とされる知識も大幅に変わってきます。

Webエンジニア・Webプログラマーを目指す人へ

もし次に何を学べばいいのか悩む場合には、Webサービスを構成する技術をひと通り学ぶことをおすすめします。そうすることによって、プログラムで行いたいことと、そのために必要な技術が何なのかを判断することができるようになるからです。皆さんは本書でクライアント側の技術を学んでいるので、特にスマートフォンアプリにこだわりがなければ、サーバー側の技術を学ぶといいでしょう。ひと通りの技術を学ぶことができたら、さらに得意な分野を磨くことで、分業が行われる現場でも仕事に生かしやすくなります。例えば、HTML/CSS/JavaScriptなど、Webブラウザを利用するWeb制作に特化したエンジニアを「フロントエンジニア」といいます。こうした呼び名に厳密な定義はないのですが、おおむね以下の表のように、得意とする領域に応じた職業名が存在しています。

▶ Webエンジニアの分類

職業名	領域	主な関連スキル
フロントエンドエンジニア	Webブラウザ	HTML + CSS + JavaScript
Androidエンジニア	スマートフォン	Android（Java など）
iOSエンジニア	スマートフォン	iOS（Swift/Objective-C など）
バックエンドエンジニア	サーバー	サーバーサイド言語（PHP/Ruby/Python）+ SQL

Webデザイナー・Webサイト制作者を目指す人へ

WebデザイナーとしてJavaScriptを学んだ場合は、HTML/CSS/JavaScriptを組み合わせてWebサイトを作る技術を高めるといいでしょう。また、Web制作に必要なサーバー側のシステムをまとめて提供してくれる「WordPress」を学ぶことで、大規模なWebサイトを簡単に構築できるようになります。こうした技術は本書と同じ「いちばんやさしいシリーズ」でも扱っているので、ぜひ一度手にとってみてください。

▶ シリーズ関連書籍

書籍名	おすすめポイント
いちばんやさしい HTML5&CSS3の教本	スマートフォンに対応したレスポンシブWebサイトの作り方を学ぶことができる
いちばんやさしい WordPressの教本	大規模なWebサイトを簡単に構築できるWordPressを使ってサイトを構築する方法を学ぶことができる
いちばんやさしい PHPの教本	WordPressを本格的にカスタマイズする際に必要なプログラミング言語PHPについて学ぶことができる

Lesson 70

[オンラインリファレンスの活用]

MOZILA DEVELOPER NETWORK を活用しましょう

このレッスンのポイント

Webに関する技術の多くは、オンラインでリファレンスが提供されています。このレッスンでは、JavaScriptのオンラインリファレンスとして特に人気のある「MOZILA DEVELOPER NETWORK」の概要と、その活用方法を学んでいきましょう。

JavaScriptのオンラインリファレンスを提供するMDN

JavaScriptを学習していると、使ったことのないプロパティに出会うことがよくあります。インターネットで検索することで情報を得ることもできますが、誤った情報も多いのが現状です。そのため、JavaScriptについて調べる際は、信頼できるリファレンスを使用することが大切です。

MDN（Mozilla Developer Network）は、Firefoxの開発元であるMozilla社が提供するWebテクノロジーの学習サイトです。JavaScriptを含むWeb技術を中心に、さまざまな情報をドキュメント化して提供しています。今回のレッスンでは、実際にMDNを使って、これまで使ったことのないメソッドを調べる方法を学んでいきましょう。

▶ MDNのWebサイト

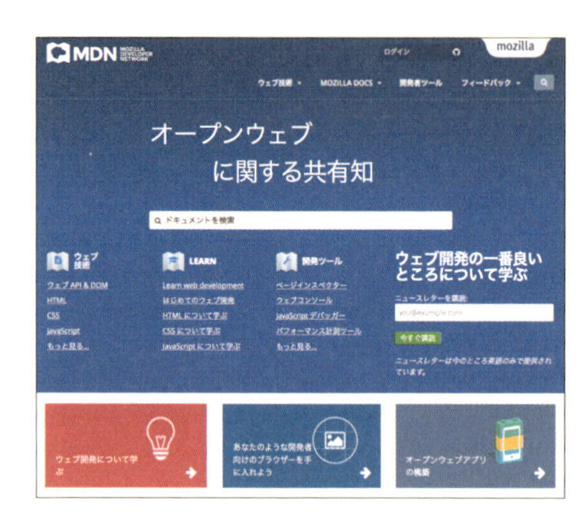

https://developer.mozilla.org/ja/

個人のブログなどの情報は間違っていることも少なくありません。何かを調べるときは、可能なかぎり、信頼できるリファレンスを使用しましょう。

リファレンスの検索方法

MDNのリファレンスを利用するときは、キーワード検索を使用するのが便利です。MDNのサイトトップ「https://developer.mozilla.org/ja/」から検索を利用できます。また、検索エンジンのGoogleでも「MDN キーワード」という具合に、検索キーワードにMDNを入力すれば、ほぼ間違いなくMDNのリファレンスページを検索結果のトップに表示してくれます。例えば「console.log」を調べてみると、以下のように結果を得ることができます。

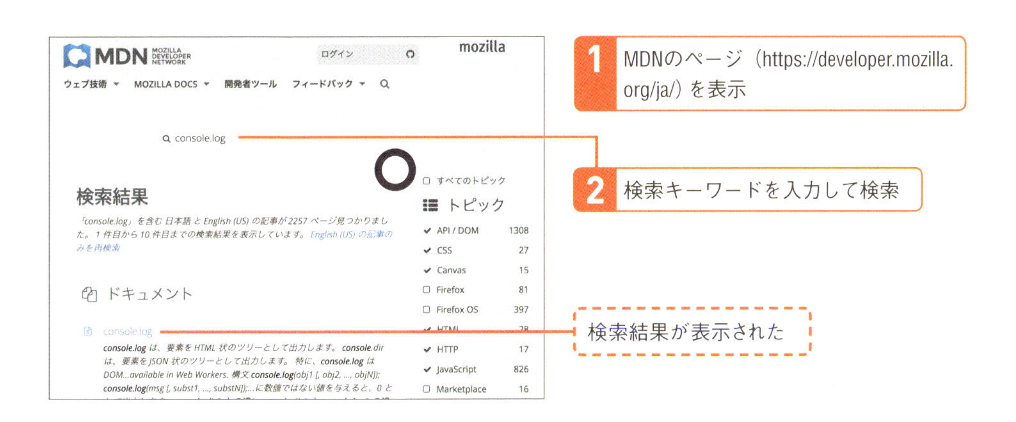

構文の読み方

リファレンスを効果的に利用するためのポイントとなるのが「構文」の読み方です。
基本的に「()」の中の斜体は引数を表し、角カッコ「[]」で囲まれた引数は、省略可能な引数であることを示します。「console.log()」の構文を見ると、引数を複数指定できることが確認できますね。

構文

```
console.log(obj1 [, obj2, ..., objN]);
console.log(msg [, subst1, ..., substN]);
```

MDNのリファレンスは専門用語が多いので慣れが必要ですが、「例文」や「ブラウザ実装状況」などの貴重な情報も掲載されているので、ぜひ積極的に活用してください。

索引

記号

-（マイナス） 049
:（コロン） 085, 170
;（セミコロン） 042
!（エクスクラメーション） 081
!=（エクスクラメーションとイコール） 073
!==（エクスクラメーションとイコール2つ） 073
'（シングルクォーテーション） 046
"（ダブルクォーテーション） 046
( )（かっこ） 050
{ }（波カッコ） 070, 112
*（アスタリスク） 049
/（スラッシュ） 049
\（バックスラッシュ） 047
&&（アンド2つ） 080
%（パーセント） 049
+（プラス） 047, 049
++（プラス2つ） 116
+=（プラスとイコール） 254
<（小なり） 073
<=（小なりイコール） 073
==（イコール2つ） 073
===（イコール3つ） 073
>（大なり） 073
>=（大なりとイコール） 073
||（パイプ2つ） 081
$（ダラー） 200

A

addEventListenerメソッド 145, 150
Ajax 228, 255
alertメソッド 052, 062
animateメソッド 215
APIキー 244, 248, 253

B

Boolean 045
Brackets 022
break 085, 122

C

case 085
CDN 199
Chrome 018
class属性 031
clearIntervalメソッド 158
clearTimeOutメソッド 162
clickイベント 148
clickメソッド 204
confirmメソッド 052, 083
console.logメソッド 044
continue 122
createElementメソッド 136, 183
CSS 028, 033, 134

D

default 085
documentオブジェクト 127
DOM 128
doneメソッド 229
do...while 113

E

ECMAScript 045
elementオブジェクト 127
eventオブジェクト 191

F

fadeOut／fadeInメソッド 213
failメソッド 229
false 071, 080
for 116
function 096

G

getAttributeメソッド 154
getElementByIdメソッド 129
Google Cloud Platform 244

H

hideメソッド 213
HTML 028

I

id属性 031, 129

if	070
if～else	076
innerHTMLプロパティ	129
insertBeforeメソッド	137
J	
JavaScript	016
JavaScriptファイル	039
jQuery	195
jQueryオブジェクト	203
jQueryプラグイン	216
JSLint	062
JSON	230
K・L	
keydown／keypress／keyupイベント	153
lengthプロパティ	156, 167
M	
Math.floorメソッド	088, 173
Math.randomメソッド	088, 173
MDN	266
mousedown／mouseupイベント	151
N	
NaN	050
NodeListオブジェクト	133
null	045, 137
Number	045
O	
on／offメソッド	205
P	
parentElementプロパティ	140
parseFloat関数	074
parseInt関数	075
preventDefaultメソッド	214
promptメソッド	052, 053, 060
Q	
querySelectorAllメソッド	133
querySelectorメソッド	132
R	
removeChildメソッド	140
return	096
S	
scriptタグ	039
scrollTopメソッド	212
setAttributeメソッド	136
setIntervalメソッド	158
setTimeoutメソッド	162
slick	216
slideToggleメソッド	209
String	045
Stringオブジェクト	156
styleプロパティ	134
switch	085
T	
targetプロパティ	191
this	173, 176
true	071, 080
U	
undefined	045, 096, 102
V	
valueプロパティ	155
var	055
W	
Web API	224, 242
while	112
windowオブジェクト	126
Y	
YouTube Data API	242
あ行	
イベント	144, 201
イベントオブジェクト	153, 191
イベントハンドラ	145, 147
イベントタイプ	146, 204
イベントリスナー	145
インクリメント演算子	116
インデックス	167
インデント	065
エスケープシーケンス	047
エラーの確認	043
演算子	049
オブジェクト	045, 124, 170, 221
親要素	032, 140
か行	
改行	047, 065

カウント用変数 116
拡張子 026
カスタムデータ属性 181
空要素 031
関数 044, 094
クライアント 264
繰り返し処理 110
クリックイベント 204
グローバル変数 098
コーディング規約 066
コメント 061, 064
子要素 032
コンソール 038, 040, 043

さ行

サーバー 264
参照渡し 131
条件式 071, 072, 112
条件分岐 068
真偽値 045, 071
数値 045, 048
スクロールイベント 212
スコープ 098
スペース 056, 065
セレクタ 033, 132, 202
即時関数 099
属性 030, 136, 154

た行

ダイアログボックス 052
代入演算子 055
タイマー 157
タグ 030, 136
データ型 045, 074
定数 089
デバッグ 043
デベロッパーツール 018, 040

な行

ノード 133, 137

は行

配列 166
バグ 066
比較演算子 072
引数 044, 096
ブロック 070, 112
プロパティ 124, 170
プロパティ（CSS） 033
変数 054

ま行

ミリ秒 213
無限ループ 113
無名関数 108, 145, 150
メソッド 044, 124, 171
メソッドチェーン 203
文字列 045, 046, 156
戻り値 096

や行

ユーザーインタフェース 206
要素 030
要素の削除 140
要素の作成 136
予約語 055

ら行

ライブラリ 194
リクエスト 226
レスポンス 226, 251
ローカル変数 098
論理演算子 080

本書サンプルコードのダウンロードについて

本書に掲載しているサンプルコードは、本書のサポートページからダウンロードできます。サンプルコードは「00098_yasashiijs.zip」というファイル名で、zip形式で圧縮されています。展開してご利用ください。なお、サンプルコードの利用方法についてはLesson 7で説明しているので、まずはその内容を確認してから読み進めてください。

本書サポートページ

http://book.impress.co.jp/books/1116101117

※Webページのデザインやレイアウトは変更になる場合があります。

スタッフリスト

カバー・本文デザイン	米倉英弘（細山田デザイン事務所）
カバー・本文イラスト	あべあつし
撮影	蔭山一広（panorama house）
DTP	風間篤士（株式会社リブロワークス） 早乙女 恩（株式会社リブロワークス） 赤羽 優（株式会社リブロワークス）
デザイン制作室	今津幸弘 鈴木 薫
編集	大津雄一郎（株式会社リブロワークス）
編集長	柳沼俊宏

いちばんやさしい JavaScriptの教本
人気講師が教えるWebプログラミング入門

2017年4月1日　初版発行

著　者　岩田宇史

発行人　土田米一

編集人　高橋隆志

発行所　株式会社インプレス
〒101-0051 東京都千代田区神田神保町一丁目105番地
TEL 03-6837-4635（出版営業統括部）
ホームページ http://book.impress.co.jp/

印刷所　株式会社リーブルテック

ISBN 978-4-295-00098-3

Printed in Japan

本書の内容に関するご質問は、書名・ISBN・お名前・電話番号と、該当するページや具体的な質問内容、お使いの動作環境などを明記のうえ、インプレスカスタマーセンターまでメールまたは封書にてお問い合わせください。電話やFAX等でのご質問には対応しておりません。なお、本書の範囲を超える質問に関しましてはお答えできませんのでご了承ください。また、本書の利用によって生じる直接的または間接的被害について、著者ならびに弊社では一切の責任を負いかねます。あらかじめご了承ください。

落丁・乱丁本はお手数ですがインプレスカスタマーセンターまでお送りください。送料弊社負担にてお取り替えさせていただきます。但し、古書店で購入されたものについてはお取り替えできません。

■読者の窓口
インプレスカスタマーセンター
〒101-0051 東京都千代田区神田神保町一丁目105番地
TEL 03-6837-5016 ／ FAX 03-6837-5023
info@impress.co.jp

■書店／販売店のご注文窓口
株式会社インプレス 受注センター
TEL 048-449-8040 ／ FAX 048-449-8041